最好的爱情，是共享明月清风，迎风浪而立，携手看世间风景。

无须取悦，也无须俯就，

因为，只有自在平等、"势均力敌"的感情，才最长久。

关于亲情，要把爱和正能量传给下一代，
不要把爱变成负担，所有的困难都要家人一起面对。

关于爱情，一个人对另一个人的付出心甘情愿，但在爱他之前，请先爱自己。

可是，亲爱的，所有的爱仅靠一方付出，就有弊端，单方面的付出总不会有太完美的结局。总有一天他会厌烦这一切，总有一天他会想要逃离，想去遇见更好的更新鲜的世界。所以，爱别人之前，请先爱自己，让自己变得丰富有趣，让你们彼此相互吸引。

她知道自己留不住，便放开了手，对彼此都是一种成全。

没有人能说清楚友情的真谛，
姑且称之为付出关爱和真诚才能得到的东西。

我一生渴望被人收藏好，妥善安放，细心保存。
免我惊，免我苦，免我四下流离，免我无枝可依。

时间永恒但生命短暂，很多时候，爱经不起等待，更经不起伤害，
不要总是秉持着"熟不拘礼，无所顾忌"的原则，
将那些冷漠的态度、伤人的话语给了我们最亲近的人。

年轻不怕一无所有，你知道自己终将闪耀

汤木 著

北京联合出版公司
Beijing United Publishing Co.,Ltd.

获得安宁与抚慰依然是终极目的，
追求真理依然是终极途径，
伤痛也依然是获得救赎的终极情感。

目录 | CONTENTS

◆ ◆ ◆
◆

Part 1

爱别人之前，先爱自己

爱别人之前，留一点点爱给自己，
这是自尊，是自信，是两个自由的灵魂平等对话的基础。

年轻不怕一无所有，
你知道自己终将闪耀

如果发现不能创造奇迹，那就努力让自己变成一个奇迹。

Part 2

有种就按自己想要的方式过一生

2

世界并非宿命的。拥有什么样的内心，
就会从这样的内心长出什么样的故事。

不忘初心，方得始终

年轻不怕一无所有，
你知道自己终将闪耀

停在港湾的船是安全的，但这不是船存在的意义。

Part 4

人生不止苟且，还有诗和远方

4

Part 5

耐得住寂寞，守得住繁华

成长的岁月里，若曾有过安静的体会，
将会成为一生的美好记忆和坚持下去的力量。

年轻不怕一无所有，
你知道自己终将闪耀

丢掉不舍和执着之后，才会有种前所未有的轻松，如沐春风。

Part 6

我们的征途是星辰和大海

6

爱别人之前，先爱自己

爱别人之前，留一点点爱给自己，
这是自尊，是自信，是两个自由的灵魂平等对话的基础。

爱别人之前，先爱自己

有一种感情不计较回报，你总希望倾尽所有把最好的给他；有一种情绪叫"他是否开心"，他笑你就笑，他哭你也会很难过；有一种心情是遇见所有美好的事物都会想到他，想象他也在时会有怎样的心情；有一种想念毫无缘由，因为那个人是他，因为你爱他。

你爱他，这爱是许久未见的朋友之间的心灵感应；这爱是父母对孩子的殷切希望和全部寄托；这爱是恋人之间的情牵意动、无法割舍。你爱他，世上仿佛没有比这更美好的事了，你给不了他全世界，但想把你的世界全部都给他。

可是，亲爱的，所有的爱只要仅靠一方付出，就有弊端，单方面的付出总不会有太完美的结局。总有一天他会厌烦这一切，总有一天他会想要逃离，想去遇见更好的更新鲜的世界。所以，爱别人之前，请先爱自己，让自己变得丰富有趣，让你们彼此相互吸引。

还记得那部经典的电影《被嫌弃的松子的一生》吗？面容姣好的

松子在情路上从不缺少伴侣，但一直到 50 岁，她依然是孑然一身，过着独居的半隔世生活，甚至在她生命的最后一程，都无人在她身旁。几年后，人们在郊外的河岸发现了松子冰凉的尸体，那年她 53 岁。可怜的松子也许并不缺乏容貌上的吸引力，问题出在她的内心——渴望被爱但又不懂得先爱自己。

一个人渴求关爱和温暖，这本没有错。但在追寻关爱与温暖的过程中，松子总是毫无保留地将自己抛掷出去，付出肉体来紧贴温暖，降低灵魂来取悦对方，且一次次如此而不知自省。这样的松子真的很难让人单纯地怜惜她。她简直是将自己当成了一件物品，去换取自己想要的片刻温暖，而内心对自我价值的认同感却降到几乎为零的地步。这种对自我的轻视，像是在给自己暗示：我毫无价值，我唯有如此才能抓住他人的心。

想想看，一个对自己毫无认同感的女人，如何能让他人认同她？如果连自己都不好好珍爱自己，别人会真正地爱她吗？最悲哀的是，一次又一次的打击并没有使松子清醒一些，去反省自己的问题在哪儿。靠近换来期望，期望带来失望，这样的恶性循环让松子沉沦在感情的浊流里，渐渐被淹没。

关于亲情，要把爱和正能量传给下一代，不要把爱变成负担，所有的困难都要家人一起面对。

老王是个下岗工人，儿子小王在本市一所艺术学院学美术。老王把小王看作自己全部的希望，总想倾其所有把最好的给自己的孩子，舍不得吃，舍不得穿，不放过任何能节省的地方，更不会把钱花在自己身上。逢年过节，亲戚拜访时带来的礼品老王也都给小王留着，舍不得吃。眼看着有些稀罕的食物不能再搁置了，老王打算把这些吃的送去儿子的学校，让儿子尝尝。从家到儿子的学校不算太远，老王舍不得坐车，骑着结婚时妻子陪嫁的老式自行车去了。

儿子看着风尘仆仆的父亲，头发已经白了一半，两只粗糙的手掌不停地搓来搓去，上身的衣袖已经磨得露出了线头。小王没有表现出老王想象中兴奋的样子，只是叹了口气，红了眼眶。他说："爸，别这么苦着自己，我知道你们爱我，可我不希望因为我让你和我妈的生活这么难过。"老王看着儿子复杂的眼神，竟无语凝噎。

老王爱儿子，像天底下所有爱孩子的父母一样，因为爱，故倾其所有，想把最好的都给他。然而这浓浓的父母爱让小王感到巨大的压力，孩子希望父母因为自己的存在感到快乐，而不是因为自己让父母的生活变得难过。这爱的负担太重，这爱太深沉。

关于爱情，一个人对另一个人的付出心甘情愿，但在爱他之前，请先爱自己。

小杨是一个即将毕业的大学生，相恋三年的男友提出分手，小杨伤心欲绝，在挽留无果后觉得生活没有了意义，想要跳楼自杀。所幸她及时被救下来，才避免了一场悲剧。小杨在谈及自己这令人担心的举动时说："我那么全心全意地对他，到底哪里做得不对了？我对他那么好，他为什么要离开？"

小杨提到，恋爱期间她为男友做了很多事。比如因为他说过想要和她一起去看音乐会，小杨就拼命挣钱，把生活费都省下来去买票；因为下雨天给没带雨具的男友送伞，自己跌进水坑并因淋雨而感冒；为了能让男友按时吃早饭，她每天定闹钟早起督促他……所有应该男方或者彼此付出的，小杨都一个人做了，她边说边流泪，她搞不懂为什么做了这么多还是留不住他。她爱他，但是把所有的爱都给了他，忘了留一点点用来爱自己。因为失恋想要自杀，连自己都不爱护自己，拿什么爱别人，又凭什么要求别人爱你呢？

关于友情，"一句话，一辈子，一生情，一杯酒"。我们信誓旦旦地说成为朋友以后有福同享、有难同当。有一天，许久没联系的朋友有急事找你借钱，你借给了他你仅有的五千元，他连"谢谢"都没说，后来不知道是来不及还是忘记还了。朋友聚会时，他提起了上次借钱的事，说另一个朋友借给了他五万元。你尴尬地笑了笑，没有说话。你的朋友不知道，你借给他的五千元已是你所有的积蓄，而借给他五万元的那个朋友刚刚开发了一套楼盘，五万元对他来说也不算什么。你想要辩解，可是最终什么都没有说，你只是明白了一个道理：爱别人之前，要先爱自己。

爱别人之前，留一点点爱给自己，这是自尊，是自信，是两个自由的灵魂平等对话的基础。我真诚地付出了，我也渴望收获。当我们足够珍视自己，不为了付出而委屈自己的时候，内心便不再有超出常理的期待。得到了，是惊喜，未得到，也心无怨尤。请记住这句话："你生而有翼，为何竟愿一生匍匐前进，形如虫蚁？"无论何时，爱别人之前，先爱自己。

所有可以长久持续的努力，
都源自真正的热爱

据说在图书产业，有些书问世后，读者可能只有个位数。至于原因，有的是水平不高，活该如此；有的却是时运不济，成为沧海遗珠，它们被淹没在出版大潮中，逐渐被遗忘。

最近看了本名叫《斯通纳》的小说，应该就是这样冷清的书。《斯通纳》问世于 1965 年，作者是时任美国丹佛大学英文教授的约翰·威廉斯。主人公威廉·斯通纳 19 世纪末出生在一个偏远的农场，整本书就在讲述他平淡无奇的一生。客观地评价，这是一本吸引力一般的书，没有曲折的情节，没有强烈的冲突，语言也谈不上精美。但深深打动我的是斯通纳对于一种事物的热爱，即文学。

斯通纳是个地道的农家子弟，原本进入大学时修的是务实的农学，于他而言，这是恰如其分的选择。但当他第一次接触文学时，他就知道自己这一生要的是什么了："过去从它停留的那片黑暗中出来聚集在一起，死者自动站起来在他眼前复活了；过去和死者流进当下，走进活人中间。"

斯通纳的一生很单纯。他外表冷淡，不善经营人际关系；他与妻子感情疏离；他不知如何和自己深爱的女儿好好相处；他的朋友极少；他工作了四十年依然当不上助理教授；他写了一部专著，但谈不上有何影响。

这个看上去十足平淡的人也有勇气爆发的时刻，并且都与文学有关。为了维护他心中的文学的纯洁，他让英文系主任劳曼克斯的学生沃尔克在研究生答辩中暴露出作假的丑态；为了追求内心的共鸣，他和女同事发生了婚外情，因为她是能和他讨论文学的知音——精神的契合带来身体的和谐。对于斯纳通来说，如果不能为文学付出自己能够付出的一切，那就意味着一辈子的痛苦与遗憾。

他的挚友马斯特思这样评价他："你觉得这里有某种东西值得去寻找。其实，你很快就会明白，在这个世界上，你会因为失败而与世隔绝；你不会跟这个世界拼搏，你会任由这个世界吃掉你，再把你吐出来，你还躺在这里纳闷，你到底做错了什么。因为你总是对这个世界有所期待，而世界没有那种你期待的东西。你无法面对这个世界，你又不会与世界搏斗；因为你太弱了，你又太固执了，你在这个世界上没有安身之地。"

这种态度是大部分平和、理性的人所秉持的，但不付出中邪般的狂热、痴迷，又怎能称为真正的热爱呢？斯通纳正是这样一位疯狂地痴迷文学的人，为了保护这片园地，他可以忍受一切屈辱。他的热爱给了他勇气，这种勇气自始至终贯穿在他的坚持中。他明白自己生命的价值维系在文学上，并终生将其护在胸口。

世俗的评价无法消解他内心对文学的执着和热爱，他甚至变成了一个对死亡都毫无惧意的人。他悄悄地成了哲人，那些"远远地退缩进生活的序列"中的人应该不会理解这份热爱的价值。这份热爱让他的一生都明亮起来，让他明白这短暂的一生最值得追求的是什么。斯通纳的一生因坚守与热爱变得无比透彻与明白，他获得了永久的充实，打破了人生终将虚无的宿命。

斯通纳始终明白自己内心热爱的是什么——文学，并且有勇气坚定地维护它。文学给他带来一生的充实，给他带来抵挡世俗庸常的盾牌，给他带来安放内心的爱情，他确定这就是自己愿意为之奋斗一生的对象。无须讳言，斯纳通的一生并不是成功的，以世俗的标准来看，甚至可以说是失败的——婚姻失败，和女儿关系冷漠，对待感情怯懦，事业也平淡无奇。但他的一生始终牢牢地拥抱文学，坚持守卫着它的纯洁，并不因怯懦、虚荣、迷茫而有过一丝一毫的放弃和随波逐流，这正是他的令人动容之处。

而斯通纳也正是因为内心对文学之爱的炽烈，才挣脱了自己原本贫瘠的命运，一生致力于成为一名学者，并在这个过程中逐渐失去了对外部世界的兴趣，转而孜孜不倦地寻求自我，在这种充实与坦然中度过了自己的一生。

就像凡·高给弟弟提奥的信中说的那样——"我的内心从未改变……对于我所坚持、信仰和热爱的，我依然一味地坚持、信仰和热爱。获得安宁与抚慰依然是终极目的，追求真理依然是终极途径，伤痛也依然是获得救赎的终极情感。"

所有长久持续的努力，都源自内心真正的热爱。

"势均力敌"的感情最长久

有句话自问世起便被无数小女生一再引用："我一生渴望被人收藏好，妥善安放，细心保存，免我惊，免我苦，免我四下流离，免我无枝可依。"初读的确有点动容，大概每个女孩都有过这种情怀吧。但年岁既长，越发觉得不喜欢了，因为它透出的那股浓浓的藤蔓气息。

什么是藤蔓气息呢？舒婷的《致橡树》说："我如果爱你——绝不像攀援的凌霄花，借你的高枝炫耀自己……"在爱情中，是有这样的情形存在的：爱那个力量远远大于自己的人，然后紧紧攀附于他，依赖于他，高枕无忧。这就是藤蔓气息，或者叫宠物爱情。

其实，两个人在一起，应该是彼此扶持、互为依靠、互相成就，而不是互为寄生和依赖。或者说，一段感情能否持久与牢固，很大程度上是两人之间的博弈，"势均力敌"者方能走到最后。而所谓的"势均力敌"，不仅体现在彼此的出身背景上，更体现在两人的才学、性格、见识和兴趣上。

　　钱锺书和杨绛令人羡慕不已，而他们之所以能够不离不弃、相爱多年未变，我想最关键的原因是，两人无论从哪一个角度看都"势均力敌"。论家世，两人都出身于书香门第，门当户对；论才学，两人也是不相上下，钱锺书自是满腹经纶，杨绛也是精通外文且文字绝佳；最难得的是性格又恰好互补，钱锺书是孩子心性，完全不通世俗，偏偏杨绛肯照顾他的生活、替他处理世事——最完美的结合莫过于如此了吧：门当户对，兴趣相投，性格互补，说得来话，过得了日子。

　　他们"势均力敌"的感情是我们眼里最好的状态。他们相亲相爱，在最合适的时候遇到最正确的人，然后相互扶持，共度一生。

　　但也有让人嗟叹的故事。

　　王小姐遇见孙先生的时候并不觉得两个人会有什么交集。王小姐是从农村来的姑娘，刻苦学习考上大学，毕业之后留在这座城市，到一家知名的公司工作。她第一次看见孙先生的时候是在总裁的办公室，后来知道孙先生是总裁的儿子，即将上任成为公司总经理。随着碰面次数以及工作上的接触逐渐增多，王小姐在进入公司的第二年接到了孙先生的告白，然而她没有接受这看似一切都好的缘分。

　　孙先生问为什么，是不是他哪里做得不够好。王小姐摇了摇头，很平静地说："你哪里都好，可是我们不合适。我们从小成长的环境不一样，未来在处理事情的观点上也一定会有分歧。你可以不看价钱去买各种名牌，我不可以，我逛超市买东西永远得关心钱包，我辛苦挣来的钱要一分一毛地精打细算……"王小姐说得激动，孙先生似乎听懂了什么。所有的感情都要有相互博弈的能力，"势均力敌"的感情才会真的最长久。

　　总有那么多平凡而又普通的姑娘做着灰姑娘的美梦，希望有一天，自己的意中人像个盖世英雄一样脚踩祥云来迎娶自己。然后呢？在这段不平衡的关系里，她始终诚惶诚恐、小心翼翼，不敢造次，越来越卑微，甚至不能平等交流，最终疑神疑鬼而惶惶不可终日。这一切，不过是因为在这场恋爱当中他们从来都不是势均力敌的对手。

而我始终觉得，对一个姑娘来说，她最终的生活，包括自己的爱情，都应当是自己奋斗而来的，她才可以不必诚惶诚恐地害怕失去，才可以更加从容而坚定。因为她懂得，此时此刻站在那个人身边的自己，无论哪个方面都是足以与他相配的。她并不害怕，因为她终于有足够的自信去抓住属于自己的一切。

龙应台在《亲爱的安德烈》中这样告诉自己的儿子："你需要的伴侣，最好是那能够和你并肩立在船头，浅斟低唱两岸风光，同时更能在惊涛骇浪中紧紧握住你的手不放的人。换句话说，最好她本身不是你必须应付的惊涛骇浪。"最好的爱情，是共享明月清风，迎风浪而立，携手看世间风景。无须取悦，也无须俯就，因为，只有自在平等、"势均力敌"的感情，才最长久。

不要把最坏的态度留给最亲的人

知乎上有个问题：情商低的表现是什么？别的答案都忘记了，只有一个印象最深：把最好的脾气给了陌生人，最坏的态度给了最亲的人。

又想起了那个经典的故事。一个小女孩因为犯了错误被妈妈批评了几句，于是赌气离家出走。但她越走越饿，又身无分文，所以只好站在一个馄饨摊前眼巴巴地看着。

卖馄饨的老奶奶看到小姑娘很饿的样子，就盛了一碗馄饨送给小姑娘吃。小姑娘狼吞虎咽地吃完馄饨，满脸泪花，感激地说："老奶奶，谢谢您，您真是太好了，您比我妈妈要好一百倍。"

老奶奶微笑着说："傻孩子，千万别这样说，我怎么可能比你妈妈还要好呢？你看，是谁辛辛苦苦地十月怀胎，冒着生命危险把你生下来？是谁日夜操劳地照顾你？又是谁辛苦赚钱供你上学？我只是给你一碗馄饨而已，怎么可能比你妈妈还要好呢？赶快回家吧，你妈妈在家里估计要急坏啦。"

小姑娘如此表现，我们尚且可以理解，因为她心智还没成熟。

但大多数已过而立之年甚至不惑之年的成年人，还是会犯此等低级错误。面对外人、陌生人常常能礼数周全、尊敬有加，但面对亲人时常常摆出一张臭脸，一副全家人都亏欠他一百万的主人姿态，甚至是一张威严的"法官脸"，稍微有人不顺他意便恶语相向，苛刻、挑剔至极。

也许有的人会解释说，我们在日常工作、人际关系中产生的压力需要一个释放的渠道呀，而我们明显不可能对着同事、朋友之类的人群发泄，这个时候，我们选择相对安全的人群来释放自己内心的压力，也未尝不可嘛。

但我们忽略了，这个人群往往是最善待我们的人，是我们内心能确定的最在乎自己的人——我们的亲人。我们知道亲人不会因为我们的坏脾气而抛弃我们，也不会对我们的工作、人际关系产生影响。都说家是避风港，是在外奔波的人们休憩的港湾，如果世界上有让我们全然信任的人，那肯定是我们的亲人。也正因如此，我们对着亲人的时候总会卸下一切包袱，甚至肆无忌惮，总认为对亲人的伤害是可以被理解、被原谅的，说到底不过是笃定亲人对自己很在乎。可是，把自己性格中最好的一面给了与自己毫无关系的陌生人，最坏的一面留给了自己的至亲，这大抵上也是种悲哀吧。

人生在世，常逢不如意，这本无法避免。但当我们在外面受了委屈后，总是无法控制地迁怒于我们最亲的人，对他们牢骚满腹甚至恶语相向，就是应该自我反省的。"被偏爱的都有恃无恐"，也许是认定了亲人对我们的包容、理解与爱，我们才肆无忌惮地任由自己伤害他们。

相应地，我们却总是对亲人缺乏忍耐与包容。同样的事发生在别人身上，我们能理解、宽恕；但对自己最亲的人，我们却无法接受，似乎我们对他们有着更高的要求。我们总认为他们应该怎样，而一旦他们的行为没有达到我们的期望值，我们就会毫无顾忌地宣泄自己的不满。

也许我们想当然地觉得，亲密无间嘛，对于他们，我们无须客套，无须遮掩，直接表达内心就好了。殊不知，这样的态度早已经将他们伤害了一次又一次，只是我们未曾察觉罢了。作为亲人，他们或许不会怨恨，但心里总会留下淡淡的伤痕，天长日久，伤痕难免会越来越深，直至难以愈合。

一个朋友曾告诉我，她这辈子最爱的两个男人是她的父亲和她的爱人。在她和爱人交往的时候，父亲极力反对，因为她爱上的是一个有过婚史还独自带着孩子的男人。她父亲想尽各种办法拆散他们，甚至说出和那个男人在一起就不认她这个女儿这样的话——这是一个父亲的无奈。爱情总能冲昏女人的头脑，这位朋友说自己也气急了，脱口而出："好啊，什么时候？是你和家人说，还是我和家人说？"父亲气得晕了过去，她冷静下来才意识到自己的话有多伤人。

后来她与爱人历尽曲折走到了一起。但这位朋友的牙尖利嘴又有了新的对象。一次吵架的时候，她为了压制丈夫说出了最刺痛他的话："你怎么配得上我，你是一个二手货啊！"丈夫听过后一言不发就开始收拾行李，离开了家。她慌了。丈夫失踪三天，她拼命地找他，打的每个电话都不通。三天后丈夫回来了，她趴在丈夫的肩膀上大哭。

她突然意识到，有些人走了可能就再也不回来了，这辈子都无法见到了。

朋友和我说时，我开玩笑地说："你这叫家暴啊，语言暴力。"

我并没有夸张。还记得那则语言暴力的创意公益广告吗？将"猪脑子""丢人""你怎么不去死"等话语做成模具拼成刀、枪、斧、剑等武器，广告通过这种形式，形象地告诉我们这些话语有多伤人。

但这样的话我们依然经常听到，而且总是在最亲近的人之间。我们总以为包容体贴的温言软语对不亲近的人才需要，那样是客套，对亲人大可不必如此。殊不知，越是亲近的人，越是亲近的关系，才越需要我们用心经营，用爱维系。

父母老了，为我们操劳了一辈子，他们现在最需要的并不是我们回报给他们优越的物质生活，而是能够温柔地和他们说说话，能耐心地听他们唠叨几句；爱人工作回来，累了，需要我们温暖的拥抱、轻声细语的问候以及理解、体谅；孩子犯错误了，需要我们心平气和的教导和充满信心的鼓励……我们要用正确的方式来表达对他们的爱，这样才有资格说他们是我们最亲的人。

想起毕淑敏的《家问》写道："婴儿降临世上，家是包裹他的蛹壳。倘若家中住满健康的爱的花粉，他就吮吸着它，用爱的字样构建着自己的听觉、嗅觉、知觉，渐渐地酿成心中小小的蜜饯。在爱中长大的孩子，爱是她的羽，爱是他的长矛。在爱中蓬勃成长的孩子，他看天下，就比较地明朗。他看人性，就比较地乐观。他看自身，就比较地尊严。他看他人，就比较地客观。他看丑恶，就比较地勇敢。他看前途，就比较地光明。他看事物，就比较地冷静。他看死亡，就比较地泰然。

"而在纷乱和丑恶的气氛中成长的孩子，是伪劣家庭的痛苦产品。他们在家中最先看到并习惯的待人处世经验，是破碎流离和粗暴残酷。他们是那样幼小，缺乏分辨的能力，以为这就是人世间的模型，当他们走进社会的时候，会不由自主地以不良家庭模式对待他人，将紊乱和不协调传染到更远的范畴。更令人惊惧的是，来自不完美家庭的孩子们，彼此具有病态的吸引力，仿佛冥冥中有一块恶作剧的磁石，牵引性格有缺陷的男女，格外同病相怜，迫不及待地走到一起。病态中的家庭，如履薄冰，全是悲剧。如果不能卓有成效地打断铰链，这种会伤人的家庭，就像顽强的稗草，代代相传，贻害无穷……"

两相对比，我们还能任由自己"熟不拘礼，无所顾忌"，将那些伤人的话语肆意地宣之于口吗？从现在开始，把我们的耐心、温柔、体贴、包容，尽可能多地展现给我们最亲的人吧。

苦苦挽留，不如漂亮地转身离开

我高中时叛逆，又自诩热爱文艺，所以很多堂课都被课外书给侵占了，尤其是语文课。如今问我，高中语文学了什么，我大抵是无法一一道来了。但有一篇我记得分外清楚：《孔雀东南飞》。

犹记得当时我埋头在座位上昏天暗地地看武侠小说，忽然同桌碰了碰我的胳膊，小声地说："老师说到谈恋爱了，快听！"我不屑地抬起头，心想："还能说到哪儿去？无非是劝诫我们早恋不可轻易触碰罢了。不过，且听一下。"

"在爱情的角逐中，女性几乎都是处于弱势的，古代尤其如此。那时的男子可以修身、齐家、治国、平天下，但女子追求的不外乎'之子于归，宜其室家'。诗经上说：'士之耽兮，犹可说也。女之耽兮，不可说也。'"相貌平淡的语文老师语调轻柔但声音清澈，"所以一旦爱情结束，女子的怨伤总是远远多于男性的，甚至宁肯貌合神离，也不会轻易放手。但我们这首诗里的主人公显然不是这样，她意识到自己不被接纳，即刻放弃委曲求全，主动要求自遣还家。而且她在离开的那个早上，认认真真地打扮自己，漂漂亮亮地转身离场，多么难能可贵！同学们，但愿你们日后也能拥有这种勇气与智慧……"

之后又说了什么，我已经想不起来了，但这段话清晰地留在了我的脑海中。在那个平淡午后的那堂寻常的课，应该是我整个高中生涯中印象最深的一节语文课了。

我想起民国时期最著名的那段感情纠葛。

张幼仪，徐志摩的发妻，行父母之命、媒妁之言嫁给徐志摩。她爱他，甘心为他生儿育女、照顾父母，他却爱上了别人。他把身怀六甲的她丢在美国，以小脚与洋服不搭调作为理由要求离婚。她伤心、无助、绝望，但最终还是选择放手。离婚后的张幼仪是自立自强的，她反躬自省，发觉自己的很多行为表现的确和缠过脚的旧式女子没有两样。回国后，她在东吴大学任德语教师，随后开办了上海第一家时装公司——云裳时装公司。放手后的张幼仪生活得比婚前洒脱许多。

后来有人问张幼仪爱徐志摩吗。她说："你晓得，我没办法回答这个问题。我对这个问题很迷惑，因为每个人都告诉我，我为徐志摩做了这么多事，我一定是爱他的。可是，我没办法说什么叫爱，我这辈子从没跟什么人说过'我爱你'。如果照顾徐志摩和他家人叫作爱的话，那我大概爱他吧。在他一生当中遇到的几个女子里面，说不定我最爱他。"

她一定是爱他的，只是发现他的不爱与冷漠后，就转身离开。她知道自己留不住，便放开了手，对彼此都是一种成全。

但这种勇气和智慧，似乎只存在这些奇女子身上，现实中更多的依然是为爱缝补迁就、苦苦支撑的女孩。

有一部电影叫《他其实没那么喜欢你》，开头很有趣。

从非洲部落的土著到纽约高级餐厅里的白领，从体态富贵的中年妇人到有魔鬼身材的窈窕少女，几乎全世界的每一个角落都有女人在问："为什么他没有给我打电话？""为什么他突然失去了联系？""为什么他不来找我？"

然后，这样的女生身边，总有一群劝解她的好友。

好友总是这样说："他这样做只是因为太爱你了。""也许他害羞。""也许他自卑。""也许他不知道怎么联络你。""相信我，他肯定是喜欢你的。"……

女人们只想赶快让姐妹们笑起来，却很少想该怎么让她们清醒。

事实是，也许他只是不想找你。

电影里说，如果一个男人真的喜欢你，他会动用一切力量找到你，手机、邮件、聊天软件、谷歌……

现在已经不是石器时代了，如果他真的喜欢你，即便经历海啸、洪水，即便你消失在人海，他依然会找到你。

如果他答应你的事没有做到，哪怕那只是一个电话，不要给他找借口："他真的很忙才忘了。""至少他真的和我道歉了。"……

你唯一不会去想也不愿意去想的那个原因可能就是，他其实没有那么喜欢你。

朋友们也会这样安慰你，或者说你愿意这样被他们安慰，甚至你们之间习惯互相欺骗，或者你们都觉得这是善意的谎言。习惯了这样的谎言与安慰，傻傻的女孩们在自我催眠中自以为将她们的爱情延续了。直到有一天对方连敷衍都懒得敷衍的时候，她们才错愕、惊慌、哭泣，殊不知这样的结果早已在过程中露出端倪。

姑娘，你何必苦苦地守候、迁就，甚至在明知对方心思不再时苦苦挽留呢？无法厮守的爱情不过是人在长途旅程中来去匆匆的转机站，无论停留多久，都会转向下一趟班机。

别太累，需要竭尽全力维持的不是爱情，只是某种关系。何必竭尽全力讨好一个不爱你的人？握紧了手会痛，竭尽全力也依然无果。

萧红说过："女性有着过多的自我牺牲精神。这不是勇敢，倒是怯懦，是在长期的无助的牺牲状态中养成的自甘牺牲的惰性。"萧红选择离开萧军，只身去日本。她明白萧军内心不平衡自己的才情大于他的事实，明白萧军与友人的关系，她不去挽留，转身离开。

有时候，坚持未必是胜利，放弃未必是认输，与其惨烈地撞墙，不如优雅转身。给自己一个回转的空间，学会调整，不放弃未来。有很多时候，面对生活需的不仅仅是执着，更是回眸一笑的洒脱。学会表达爱，好好爱他人。

最近开始重温一些老电影，单纯叙事的、没有加特技的，比如《当幸福来敲门》。即便是重温，其中一些细节还是看得我热泪盈眶。片中的父亲穷困潦倒，因为诸多事由带着儿子睡了一次公厕，父亲尴尬地想要说个睡前故事哄儿子睡觉。儿子很配合父亲，表演了一次让人心酸的奇特幻想。他们无声地配合，演绎了一场爱的幻想。

或者更直白的就像那本叫作《许三观卖血记》的小说，里面的主人公也是一个父亲，他在孩子们晚上躺在床上时，极力用言语满足孩子们的饥饿感，在幻想中构建孩子们的美食天堂。这何尝不是一种爱的表达？我们小的时候，可能没有父母和主人公许三观一样那么辛苦，但是我知道我的父母逢年过节吃大鱼大肉的时候都会回想起他们那个年代吃不饱的痛苦。我知道那个年代里所有父母表达爱的方式就是尽他们所有能力让孩子吃得饱，就只是吃得饱。

也许正是因为我们父母的童年记忆里没有太多种表达爱的方式，他们表达出来的爱我们不能全部理解，所以我们这一代也没有学会太多种表达爱的方式，我们依旧在重复我们父母的老路。所以我们要从自己改正，学会关爱每一个给过你关爱的人，学会表达爱！

再说说爱情，爱情的美好在于分享，分享快乐：每一个只有情侣能感受的亲密动作，每一次只有情侣能理解的眼神接触，每一处只有情侣能关注到的细节……

爱情的表达方式也有很多。

爱得轰轰烈烈。可能是一场盛大的告白，然后也有争争吵吵、分分合合，再后来无非是欢喜冤家做夫妻，或无疾而终做朋友。但是很多人眼里的爱情就是这样，像一束玫瑰，美好而热烈。拥有让一群朋友羡慕的爱情是一件很骄傲的事。

爱得平平淡淡。一直互相理解，一直互相陪伴，一直相爱，天长地久愿为连理枝。后来，时间带给我们惊喜或失望。

默默地守护他。爱一个人不一定要得到他的爱，有时候只能把他放在心里，又舍不得离开，于是选择默默守护。就像一句经典的话："我爱你，并不会妨碍你；我很爱你，但这只是我的事情，不关你的事，你喜欢谁不关我的事，除非你喜欢的是我！"

无人知晓地暗恋他。暗恋的过程是很苦的，回忆也是苦涩包裹着的甜蜜。有时候，爱不能表达出来，只能放在心里。就像年少时候喜欢一个人，觉得埋在心里比较好，于是就有了暗恋。有时候暗恋是最安全的，因为这种埋在心里的爱是没有人可以夺去的，可以在心里留下一段专属的美好。

最后谈谈友情，我们和朋友之间可以无微不至地彼此关爱，可以亲密地分享小秘密，还可以互相学习……友情也是一种爱！

友情是一种只有付出才能得到的东西。它和亲情、爱情一样，抽象、令人捉摸不透，但更值得我们去珍惜。友情不要求什么，但是它有一种温暖，我们都能体会到。没有人能说清楚友情的真谛，姑且称之为付出关爱和真诚才能得到的东西。

人生难得一知己，最难的当属患难之交。只有共患难时才会发觉原来朋友竟是那么重要。一次在团队建设课上，培训老师讲了一个这样的故事。

有一对搭档，都是生物学家，关系很铁，经常一起深入原始森林做考察。

有一天，在穿过无人区的一片森林时有一个人被毒蛇咬伤了腿，只能尽快返回救治。可当他们爬过那个熟悉的山坡时，顿时僵住了，一只老虎正对着他们。他们没带猎枪，逃跑几乎不可能。

他们脸色苍白，一动不动地看着老虎。老虎也站着，僵持了几分钟，最终朝他们走来，然后开始小跑，而且越来越快。就在这时，其中一人突然喊了一句话，然后自顾自地跑开了。奇怪的是，已快到另一个人面前的老虎突然改变了方向，朝那个逃跑的人追了过去。随后那边就传来了惨叫声，而另一个人却平安地逃了回来。

这时候，几乎所有人都说了声"活该"。老师问我们，知不知道那个跑开的人喊的是什么？我们几十个学生，大致给出了两种答案：一是"兄弟，对不起啊！"，二是"分头逃，逃一个算一个！"

老师说，那个逃跑的人对另一个人喊的是："帮我照顾我女儿，好好活下去！"面对大家的惊愕和不解，老师接着解释："那种情况下，老虎绝对只会攻击逃跑的人，这是老虎的特性。而那个逃跑的人就是被咬伤腿的人！在最危险的时刻，腿上有伤的一个人主动跑开了，他自知逃不了，于是将生的机会让给了对方。"

行走世间，时有荆棘。正是这些美好的情意，才让我们所向披靡、无所恐惧的吧。也愿我们在感受到它们的同时，做一个释放爱的人。我想起了电影《怦然心动》。

两个小孩，一棵梧桐，两个家庭，一段怦然心动的故事。我很喜欢那个单纯阳光的小女孩朱莉。她大胆热烈，在只有七岁的时候就已经明白自己要准备恋爱了，她毫不忌讳地去表露自己对布莱斯的爱恋，她知道自己想要什么，她追求一切美好的事物。她的心中似乎蓄满了深深的爱意，甚至对于一棵树也有爱，当她爬到树上的时候，也能感受到别人无法感受到的美。

我也喜欢影片中的人物对自己内心情感的表达。朱莉喜欢布莱斯，就把自己的鸡蛋送到他手中；朱莉不想梧桐树被砍，就勇敢地爬上去，以此抵抗要砍树的人，这种方式得到了布莱斯外公的支持；还有朱莉的父亲，在梧桐树被砍后及时地送给了女儿一幅画着梧桐树的画来抚慰她，那幅画对于朱莉来说是多么重要的安慰啊！

我们的文化讲究含蓄文雅，所以我们似乎不太会表达爱。我们羞于说"我爱你"，拥抱的姿势往往笨拙、扭怩。但表达爱，最重要的不是"我爱你"这三个字，而是足够用心。如果你足够用心，即使不说那三个字，也是可以的；只要足够用心，不管是多么不明显的表达方式，真诚的心都能被感受到。

愿我们与这个世界彼此温柔相待

　　夜幕低垂，华灯初上，与三两朋友喝酒谈天是格外奢侈而惬意的享受。我们从军事政治聊到时尚潮流，没有主题，任凭思维像断了线的风筝在音乐和酒香中飘动。这一刻，生活的重压消弭无形，世界悄悄开启了一扇旖旎的大门，里面光影斑驳，温柔无限。

　　在场的朋友中有个狮子座的大男人，率性豪爽，外刚内柔，为人幽默，甚富侠气。上学时他在火车站遇到一个正在哭泣的小女孩，上前探问，方知女孩因为琐事与家人闹翻，赌气坐上离家的火车，下车后渐渐冷静，不知自己该如何是好。这个朋友立即坐在地上将少女连劝带训了半个多小时，又将身上仅余的一百多元交给对方。学生时代日子拮据，男生有点钱不是抽烟便是打游戏。自己实在掏不出更多，他又打电话让女友捎了两百元钱过来，一并塞给小女孩，亲自买了返程的车票，好说歹说将其劝上回家的列车。

　　谈及往事，我们均笑言："那女孩搞不好是个骗子，结果被你这愣头青硬生生逼上了火车。"朋友一口呷尽杯中残酒，耸耸肩道："干吗这么阴暗？多体谅一下别人，就能很轻易地分辨真假。那女孩是真的伤心，我能感受得到。"

碰杯的时候，我心里稍稍感慨了一下。

他做了一件温柔的事情，在我们看来竟似笑话，稀奇于他不够戒备、缺少防范。

成长的过程，似乎就是在构筑一座心城，高墙壁垒，戒备森严，使人不得探究其内。时间久了，连自己也忘却了城内原貌，仿佛剩下的只有垛口烽火、箭矢长矛。遇有外人接近，第一反应不是交流、接纳，而是擂鼓点火，打起十二分的警觉应对。彼此稍有摩擦，就如临大敌，利刃相向，第一时间发起反击。

戒备，成为我们这个时代的病。

哲学一点来看，对个体而言，只有两个绝对无法逃避的存在：一为自我，二为世界。不幸的是，所谓的"世界"同样是一个不成熟的小子，和我们一样。你怎么对他，他就怎么对你。你强硬，他会更加强硬；你恼怒，他会更加恼怒；你发起攻击，他会还以颜色。从小我们就受到教育，竞争先于合作，强悍先于宽容，即使谦虚，也要建立在优越感之上。这些观念已经深深植入我们的文化基因，于是"世界"变成了一个坏脾气的伙伴，冷漠、僵硬、阴险且恶意。

在自我与世界别扭相处的漫长时间里，我们逐渐将戒备、防范与反击的本能凌驾于交流、宽容和接纳之上。我们有的是快速的反应、暴力的倾向、攻击的手段和隐藏的意图，这些丛林法则成为判断一个人是否成熟的标尺。自此，每个人和他的世界都遍布戾气，每个人与组成他世界的每个人都愈发疏离。我们宁愿预设别人是恶意的，并且在这种预设下，彼此小心翼翼地打着交道。能做到虚与委蛇、口蜜腹剑是这个恶意世界的准入证。于是卑鄙成为卑鄙者的通行证，高尚成为高尚者的墓志铭。自己的真心变成了发炎化脓的伤口，他人的真意变成了值得攻击的弱点。我们一遍遍地彼此磕碰，一次次地互相摩擦。

但是，我们多久没去好好体谅过别人了呢？

苏轼与高僧佛印是至交好友，常在一起打坐、参禅、互辩偈语。某日，两人坐而论道，苏轼问佛印道："你看我像什么？"对方答曰："我看你像尊佛。"苏轼拊掌大笑："你知道我看你像什么吗？像一堆牛粪。"佛印微笑不语。回家后，苏轼向妹妹得意地说起此事。苏小妹莞尔说道："参禅之人最讲究的是见心见性，心有什么，所见就是什么。佛印看你像佛，是因为他心中有佛；你看他像牛粪，是因为你心中有粪。"苏轼语塞，懊恼不已。

"世界"是有知觉的，它的真相与本质总是与我们的认知紧密联系在一起。量子物理学已经证实，不存在一个独立于测量和感知以外的"绝对的客观真实世界"。心学创始人阳明先生王守仁认为，心外无物，达成一个良善和谐世界的手段在于"致良知"，要摒弃贪婪私欲、忧惧焦虑，用真实体悟感受自己最本真的善念之光，世界的真理不在身外，而在心内。"人皆可为圣贤"，你越接近本真、澄澈的自我，宇宙洪荒、天地万物即与你达成一种互感的响应，世界的和谐面目也将为你亲眼所见。

电影《阿甘正传》里，主人公弗瑞斯特·甘天生智力低下，已近残障，在任何时候反应都要慢上几拍，做不到"正常人"的机敏聪慧、快速反应。但正因为这一点，他眼中的世界与"正常人"的截然不同。他理解不了政治，参与不了竞争，却一次次地创造着令"正常人"汗颜的奇迹。在阿甘的眼里，所谓世界就是妈妈的爱、珍妮的爱、朋友之谊，以及那些自己可以理解并且能够做到的事情。他的世界如此简单，又如此令他着迷，于是他深深地爱着并温柔地善待着自己世界的每一个角落。而世界也同样丰厚地回馈着这个简单的傻小子，令他在一生中拥有了远胜"正常人"的一切。

与阿甘相对应的是他在越南战场上的长官——丹·泰勒中尉。此人勇敢无畏、经验丰富，并且爱护关照战友，是一个光明磊落的好男儿。他出身于军人世家，先祖在美国独立战争、南北战争、第一次世界大战、第二次世界大战中均有献身，他也因此拥有极强的荣誉感，梦想能继承家风，在越南英勇战死，成为纪念碑上和子孙传说中的英雄。但在他即将如愿死在炮火中时，阿甘出于本真善良的救援举动让他的英勇之死成为泡影。

失去双腿，又被强行救回之后，丹中尉崩溃了。他知道自己再也无法回归战场，彻底失去了英勇牺牲的资格，一颗原本高贵而纯粹的心开始扭曲，沉沦于酒精、毒品与纵欲之中。直到与阿甘重逢，他灰色且冷漠的世界里重新出现了那个单纯、笨拙却又真诚无比的身影。丹中尉拾起勇气，与阿甘来到海上捕虾，在暴风雨中把自己拴在桅杆的顶端，狂笑着，怒骂着，向上帝挑衅。

这是一场洗礼。

阿甘的贩虾生意异乎寻常地火爆，甚至垄断了当地的产业，他本人也因此成为百万富翁。丹中尉也在其中渐渐地体悟到了希望，感受到生命的珍贵。在一个晴朗的午后，他提着两条从双膝截断的残腿，微笑着坐到船沿上说："阿甘，我还从来没有感谢过你救了我一命。"言罢跃入海中，轻松地用双臂划水，游向远方。天空中，一道金色的阳光从云缝中射出，照在大海的碧波之上。阿甘说："虽然丹中尉从来没有说出来，但我想，他同上帝讲和了。"

丹中尉的确与上帝讲和了，同自己的世界讲和了，与自己的灵魂讲和了，不再倔强，不再固执，不再钻牛角尖，睁开眼睛去感受自己所能感受的一切。天高云淡，碧波长空，生命如此珍贵，值得我们热爱。于是，他变得温柔，而世界也同样回以温柔。

Part 2

有种就按自己
想要的方式过一生

如果发现不能创造奇迹，那就努力让自己变成一个奇迹。

有种就按自己想要的方式过一生

我有一个朋友，他是我最佩服的人之一。

刚认识他时，我完全没有发现他有什么过人之处。他身材中等，长相一般，安静沉默，看起来完全是芸芸众生中的一员。

相处久了才发现，他的情商和智商都极高。认识他的人大多对他印象极佳，有任何合作机会都愿意带上他。他有几个极为忠实的朋友，可能许久不联系，但一旦他有任何需要，那些朋友都会毫不迟疑地到他身边。而工作上，他也效率极高，一天足可以完成别人一天半的工作，因此也很少加班。

其实这也不算什么，毕竟聪明人多的是，能做到上面这些的人也并不少。罕见的是他对金钱和成就的态度。

在某机构工作一年半后，他的顶头上司换岗了。上司换岗之前找他谈话，意思是要他来接替自己的工作，做整个部门的总监。对一般人来说，这是一个难得的升职加薪的机会，而他却淡淡地拒绝了。

我百思不得其解，惊讶地问他原因是什么。他说："我想要的是中等偏上的生活，工资不要太少，但也不要多到我必须用整天加班、殚精竭虑来换取。现在我的工资正好符合我的要求，如果坐到那个位置，要操心的事就比现在多多了。"

听完这些，我对他暗自生出了崇敬之心。也许在一般人看来，他这种做法叫不思进取。实际上，他对自己想要的生活无比明确，他的智商也使他能够得到一般水准以上的收入。在这种情况下，一般人更容易贪求——无限制地使用自己的智商和时间去换取更高标准的物质生活。他却宁愿后退一步，以保护真正属于自我的时间。这是一种真正的智慧。

我还有一个朋友，他也是我最佩服的人之一。

与第一位朋友相反，这位是个工作狂。他原本有个工作室，加上他也不过三个人。在很短的时间内，他将员工人数扩充到十人之多。于是，业务量翻倍增加，管理难度也翻倍增加。他每天忙得焦头烂额，下班后几乎一句话都不想说。就在这种情况下，他还积极寻求着新的业务，介入自己之前完全不熟悉的领域，这意味着新的巨大的挑战以及不能预测的风险。

跟这位朋友聊天时，他几乎无法离开"创业""项目""客户"这几个关键词。每一次闲聊都像是在浪费他狂热燃烧的生命，每一次休息都好像对他的领土进行入侵。

于是我也问他："你这么狂热地创业，仅仅是为了钱吗？"

他憨憨一笑："不是。我不会说什么漂亮话，但是，我总希望自己能创造出一些与众不同的东西，希望自己能成功，作为一个榜样，给其他人信心。"

因为受到他的精神感染，我最近也逐渐变得更有效率了一些。毕竟，生命有限，想做的事禁不起拖延。"坐而言不如起而行"是珍惜时光的最好方式。

你看，世界上的路有那么多条，人有这么多种类型，生活也千姿百态，而成功的标准本来也不应该是同一个。有人喜欢小桥流水人家，也有人喜欢去征服最烈的马、最辣的菜，那么，能按照自己的本性去过自己想要的人生就是最适合自己的。而这本该是一件最自然不过的事，似乎也没有必要说"有种就按自己想要的方式过一生"这么激烈的话。

把话说得这么激烈是因为这件事当然不像说起来那么简单。

人生活于时代之中，而每个时代都有其主题词。这种主题词未必会被明确地提出来，却贯彻在大众文化之中。比如我们现在这个时代，主题词指向"成功"，并特指在地位、金钱方面的成功。于是，每一个人的行为都被"是否有利于赚大钱""是否有利于社会地位的提升""是否有利于成为成功人士"的标准衡量着。在这种情况下，我的第一位朋友的行为像是逆流而上；而第二位朋友则会简单地被评价为"他确实非常努力地想要成功"，而很少有人能看见他那颗闪闪发光的初心。

这种时代风气对一个想要活出自我的人，无疑会产生一定的阻挠。当你想要做一些与主题词无关的事情时，身边人总会担忧地为你提出各种忠告，怕你走了弯路。所以，能明确自己的真实需要，柔和而坚定地过自己想要的生活，反而成了一件特别牛×的事。

那么，你有没有胆量，也来做这么一个特别牛×的人呢？

年轻一定要奋斗

前段时间，知乎上有人提了一个问题："年轻就一定要奋斗吗？"题主年纪轻轻，待在一个月薪三四千的私企里，工作十分轻松，也相对自由，许多人劝他要出去闯一闯，不要一直浪费青春。而题主说，他不明白，去外面闯不也是为了将来能过上目前这种养老式的生活吗？既然现在能过，为什么不能提前享受呢？

一石激起千层浪，这个问题一共收到了 1488 条回答。虽然众说纷纭，但更多人还是支持年轻就一定要奋斗。

我也是支持者之一。

年轻当然一定要奋斗，因为唯有奋斗才有可能让理想之花结果。随着岁月自然增加的只有年龄和皱纹，理想却不可能只靠着时间流逝就自然达成。空谈理想而不为之付出行动是一件最可笑的事。如果说天赋和兴趣是实现理想的动力，那么努力奋斗就是实现理想的必要保证。这件事已经如此理所当然，历史上因奋斗而成功的事例不胜枚举。

相反，本身条件优越、天赋过人，却终因荒废岁月而"泯然众人矣"的例子，知名的就只有方仲永而已。对于天资平平、没有雄厚背景的普通人来说，即使拼命努力也未必会实现自己的理想，更别提优哉游哉地提前享受"退休式生活"了。

年轻当然一定要奋斗，也因为唯有奋斗才能累积出属于自身的核心竞争力。在这 1488 个回答里，有一个回答提到了微软裁员事件。微软裁掉的员工中，有许多是已经在公司工作了十几、二十年的高级工程师、高级设计师，他们基本都是全球最著名的高校毕业的精英人才。自毕业后进入这种薪资一流、分工细致、环境宽松的企业后，大多数人满足于现状，满足于只把自己手头的事做好，渐渐就成了一颗专属于微软这台企业机器的螺丝钉。一旦机器损坏，螺丝钉下岗，甚至都很难再找到另一台合适的机器。相反，那些时刻注意着业界最新资讯，并且不断充实自己、学习新技能的人，就会随着经验的增加进一步升值。他们从来不用担忧明天再也没有人看见自己，因为他们已经能发出属于自己的独特光芒。

年轻当然必须奋斗，因为年轻时奋斗更容易出成果。我们都知道，人的肌体会随着年龄增大而退化。20 多岁时熬个通宵，第二天用冷水洗把脸就可以照旧神采奕奕，而年纪大一点以后，熬一次夜也许要三天才能恢复过来。人的大脑的重量在 25 岁时达到顶峰，之后就逐年下降。这么说并非是否定年纪稍大一点的时候奋斗出成果的可能性，而是想说，既然年轻时我们能选择奋斗，那么何必还要再等呢？就现在，就你看到这篇文章的现在，在本子上写下你内心最渴望的事物并为之奋斗吧！不管是想要环游世界，还是想去山区支教；不管是想成为一个非凡的企业家，还是想做一名温柔贤惠的家庭主妇。每一个愿望要实现都会有一些个人素质的要求。环游世界要求你身体健康、思维敏捷，有一定经济能力；去山区支教要求你具备一定的学识，并有能力将之传授出去，同时能够吃苦耐劳……为了完美地完成它们，低下头去学习、去锻炼、去走路吧！奋斗将回馈给你的，甚至会超出你的想象！

投资自己是最好的积累

当今社会，"投资"是一个热词。有人投资项目、股票、个人、IP、公司，甚至还有投资火星计划的。在各种投资中，有一种尤为奇特，就是"感情投资"。有一部分女孩会把嫁人当作一种投资。她们会搜集很多自己能够看得上的男性（这些男性可能在某些方面有特长），在各个方面进行逐一考量，然后选出自己最看好的一个人培养感情，最后谈婚论嫁。这些被选中的男性有一个很好听的名字叫"绩优股"，因为他们在未来有很大可能会升值（升职加薪、创业成功等等），可以给这些女孩更为安稳的生活。

其实，这种行为原本也无可厚非。毕竟谁也不会跟自己一点都不看好的人在一起。但换个角度去看，将赌注押在他人身上，毕竟风险太大。"绩优股"成功之后，面对的诱惑越来越多，出得起价、挖得了墙脚的人也越来越多，转眼就花落别家也有可能。与其将幸福的筹码押在别人身上，还不如转回自身，投资自己。就像范冰冰曾说的"姐不用嫁豪门，因为姐自己就是豪门"。相信我，自己拥有财富和实力，完全能掌控自己的人生，这种感觉绝对比依附他人要爽多了。童话里，灰姑娘遇见了王子就永远幸福地生活在一起才是骗人的。

那么，假设你刚毕业，生活在北京，每个月工资只有三千元，过着捉襟见肘的生活，是否还有投资自己的可能呢？

当然是有的。

首先，你可以把钱分成五份。第一份一千六百元，第二份四百元，第三份三百元，第四份两百元，第五份五百元。

第一份一千六百元，是你的生活费。在北京生活这些钱确实不多，所以要很节省。花六百到一千元在较偏远的地方租一个比较好的房子，或者在公司附近租个较小、条件较差的房子。选前者虽然会有较长的通勤时间，但在通勤路上也可以读书或者听有声书，不失为一种学习的手段。而选后者，如果公司工作繁忙，需要较多的加班，就非常合适了。高密度的工作可以较为迅速地提升你的专业能力。另外的六百到八百元作为餐费和其他零星支出。因为预算少，所以可以考虑自己做饭，带饭到公司来吃，基本够花。

第二份四百元，用来交朋友。对刚毕业的学生来说，这笔预算还是可以的。电话费每个月用掉一百元，现在网络普及，用微信和 QQ 联系并不需要支付多少话费，很有可能一百元都用不完。剩下的三百元，可以每个月请一次客。因为你的钱不多，所以一定要花在有价值的人身上，去请那些比你更睿智、更有钱或者帮助过你的人。只要每个月都请客，一年下来，你在朋友圈的形象自然会有提升，自然会有一些机会找到你。

第三份三百元，用来学习。每个月花五十到一百元来买书。书要买一本读一本，多买经典，多买跟自己专业或兴趣相关的书。买完不但要读，还要精读。读完后要试着用自己的语言讲给别人听，一来可以考验自己是否真的理解了内容，二来跟人分享知识是最好的交往。剩下的两百元可以拿去参加培训，如果钱不够，就存起来，存多了以后再参加更高级的培训。在培训班，你不但可以学到自己从未想过的道理，还可以认识许多志同道合的人，他们都可能转化为你的人脉。

第四份两百元，用于旅游。每个月存两百元，一年就有两千四百元。这笔钱虽然不多，来一次中短途旅游也够了。"读万卷书，行万里路。"旅游是长见识的最佳途径，也是一种彻底的放松，对精神和身体都大有益处。

第五份五百元，用来投资。可以每个月固定存起来，等数额较大时拿来投资，也可以先用几百、几千元做小本生意。买一点小商品来卖，万一赔了，不会伤筋动骨；如果赚了，则不但有经济上的收益，也可赚到自信、胆量和阅历。这一部分的收益甚至有可能成为将来你最重要的支柱。

这样的投资听起来非常苦，似乎难以撑下去，对吗？其实也没有那么可怕，因为只要这样熬上一年，第二年你的生活就会有很大提升。不仅工资不太可能还只拿三千元，甚至其他收益都有可能远超三千元。

另外，需要注意的是，投资自己是个长期的过程，不是特效药。两三天看不出效果，至少以半年、一年作为单位，才会看见内功提升后引发的效应。

从现在起，好好投资自己吧！你会发现，你比自己以为的优秀得太多！

相信自己的力量

　　如果一个人一生下来既没有双手，也没有双腿，只在左侧臀部以下的位置有一个带着两个脚指头的小"脚"，你觉得他会拥有什么样的生活？他有可能靠自己生存吗？他有可能获得爱情、建立家庭吗？

　　听起来不可思议，但是"海豹男"尼克·胡哲真的全部做到了。

　　尼克·胡哲于1982年在澳大利亚出生。从生下来那天起，他就没有四肢，只有一个后来被他自称为"小鸡脚"的残肢。这种病在医学上称为"海豹肢症"。他身为护士的母亲在怀孕期间的生活方式完全是科学的，没有人知道他为什么会患上这种罕见病症。尼克一出生，他的父亲被他的样子吓了一跳，甚至忍不住跑到医院产房外呕吐。就连他的母亲也无法接受这个残酷的事实，直到他四个月大才敢抱他。

　　尼克的人生前景看起来一片惨淡，就连能否活下去都成问题。但是，二十多年后，他不仅活着，而且活得很精彩。他拥有两个大学的学位，是一家成熟企业的总监，2005年还获得了"澳大利亚杰出青年奖"。2008 年，他创办了国际公益组织"没有四肢的生命（Life Without Limbs）"，并担任了总裁及首席执行官至今。2012 年，他与宫原佳苗结婚。一年后，他们的第一个儿子出生了，而且非常健康。现在，34 岁的他已经走遍了世界各地，为数百万人做过演讲，以自身经历激励大家。

对于尼克·胡哲来说，这些事当然没有说起来那么简单。实际上，13 岁之前他都无法接受自己的人生，数次有过自杀的念头。10 岁时，他真的尝试过要在装满水的浴缸里把自己溺死，但没能成功。直到 13 岁时，他读到了一篇文章，文中写到，一位自强不息的残疾人为自己的人生设下了一大堆伟大的目标，并一一达成。从那天起，尼克·胡哲找到了自己的人生目标：帮助别人。自此，他的所有潜能都被激活了。

经过长期训练，那残缺的左"脚"渐渐能完成尼克·胡哲想要做的大部分事情。它不仅帮助他保持身体平衡，还让他可以踢球、打字。他要写字或拿东西时，也是用两个脚指头夹着笔或其他物体。

"我管它叫'小鸡腿'，"尼克·胡哲开玩笑说，"在水里我完全可以漂起来，对我来说，我身体的 80% 都是肺，我的'小鸡腿'就变成了推进器。"

除了游泳，尼克还会玩滑板、踢足球、打高尔夫，甚至还学会了冲浪。

更为奇特的是他的爱情生活。

对一个普通人而言，找到一个合适的伴侣都是一件并不容易的事。对尼克·胡哲来说，这件事似乎更难。但他从未丧失过信心，从未怀疑过自己能否得到爱情。看到宫原佳苗的第一眼，尼克·胡哲就对她一见钟情。经历过一段时间的犹豫、等待，他主动发起爱情攻势，最终两人喜结良缘。因为他相信自己值得被爱，有勇气追求爱，有能力接受爱，于是，他就真的得到了爱。

分享几段尼克·胡哲的话来激励大家吧。他说：

"人生最可悲的并非失去四肢，而是没有生存的希望及目标！人们经常埋怨什么也做不来，但如果我们只记挂着想拥有或欠缺的东西，而不去珍惜所拥有的，那根本改变不了问题！真正改变命运的，并不是我们的机遇，而是我们的态度。"

"你不能放弃梦想，但是可以改变方向，因为你不知道在人生的拐角处会遇到什么。"

"没手，没脚，没烦恼。"

"如果发现不能创造奇迹，那就努力让自己变成一个奇迹。"

他想成为一个奇迹，他真的做到了，因为他相信他可以，他相信那种发自生命本身的、属于自己的力量。

保持饥饿，保持愚蠢

2005 年，在斯坦福大学的毕业典礼上，乔布斯应邀发表了一次演讲。这篇演讲文简练而迷人，是我见过的最优美而又睿智的文章之一，在文末，他写道："保持饥饿，保持愚蠢。"

这句话来自 20 世纪 70 年代美国的一本杂志：《整个地球的目录》。对乔布斯来说，这本杂志影响深远，尤其是它的停刊号。在停刊号的封底，主编放了一幅乡间公路的照片，并放上了这句话。乔布斯将这句话奉为圭臬，践行了一辈子。

"保持饥饿"令人想起三毛的两句话："我不吃油腻的东西，我不过饱，这使我的身体清洁。"不论是古代养生学，还是现代科学，都提倡吃饭只吃七分饱。保持适度的饥饿感，不仅可以让人身体轻盈，不轻易发胖，从而规避因肥胖引发的各种病症，还有利于保持一种感官上对食物和事物的敏感。当代青年编剧柏邦妮原本较为丰腴，后来开始厉行瘦身，最终成功成为一位苗条的女性。她在谈到自己的瘦身经历时说，保持饥饿不仅使得她的嗅觉和味觉都格外灵敏，甚至使得她的注意力也变得更加集中，能持续工作的时间也变长了。

现代医学已证明，保持适度饥饿对健康有极大的好处，至少有以下五个方面的好处是已经明确了的。

一是控制血糖。控制饮食能帮助人们预防和治疗糖尿病。有专家认为，保持适当的饥饿感能减少碳水化合物的摄入，更好地控制餐后血糖的浓度，让血糖不至于突然大幅度升高。

二是延长寿命。科学家们做了一个很有趣的实验：给一些已经停止生蛋的母鸡只吃少量食物，结果两个月后超过一半的母鸡开始重新生蛋；对一部分大鼠限制饮食，另一部分不限制，结果限食大鼠比不限食大鼠的寿命长了一倍，吃得越多的大鼠，寿命越短。

对人类来说也一样。日本人在世界范围内都属于较长寿和健康的，他们的饮食特点就是清淡而少量。

三是强化免疫力。营养不良的人容易得病，因为体内吞噬细胞的数量太少，所以免疫力低下；吃得特别好的人可能也会免疫力低下，因为长期没有饥饿的刺激，吞噬细胞就退化了。因此，适当的饥饿感会唤醒吞噬细胞的战斗力，提高免疫力。

四是不发胖。少吃多动是健康减肥的唯一手段。对体重超标的人来说，每天少吃一点自然是最有效的减肥方法。

五是不犯困。适度的饥饿感能帮助人们保持大脑清醒，赶走疲惫感。因为人的本能以获取食物为第一要务，如果没有吃饱，大脑自然会让身体保持清醒。相反，吃得过饱，血液都奔去胃部忙着消化食物，大脑供氧不足，自然会昏昏欲睡。

"保持饥饿"不仅指身体上的饥饿，也指心灵上的饥饿。饥饿意味着一种不满足，不满足就会引发敏感和好奇。对世界上的事物永远保持一种类似饥饿感的好奇之心，永远带有新鲜的感觉，是一个人创造力的源泉。

乔布斯本人就是保持这种饥饿感的践行者。他 19 岁从大学退学，因为好奇心去学了原大学里的一门如何写出漂亮的美术字的课程。他说："我学到了无衬线字体和衬线字体，我学会了怎样在不同的字母组合中改变空格的长度，还有怎样才能做出最棒的印刷式样。那是一种科学永远不能捕捉到的、美丽的、真实的精妙艺术。"他对宗教也产生了兴趣，经常去一座印度教寺庙打坐、修行。他学到的这些东西，看起来除了好玩，完全没有什么用。

然而，十年之后，当乔布斯再次回到自己曾被迫离开的苹果电脑公司开始创造世界上第一台 Mac 电脑的时候，一切都不一样了。那是世界上第一台使用了漂亮的印刷字体的电脑。如果乔布斯不是出于好奇去学习那个课程，Mac 就不会有这么多丰富的字体以及令人赏心悦目的字间距。同时，得益于从宗教中习来的极简主义美学，他对手机和音乐播放器有了完全属于自己的独特看法。因此，iPod 和 iPhone 诞生了，这改变了全世界听音乐、使用手机的方式。现在，苹果电脑和苹果手机带来的工业美术的革命，已经席卷了全世界。

"保持饥饿"是在内心为更多新鲜事物保留了空间。唯有空下来，才有接纳新事物的可能。它就像中国传统书画艺术的留白一样，带来呼吸，带来流动，带来美。为此，乔布斯会毫不犹豫地放弃自己曾经开发出的产品，全神贯注于新产品。他曾花费很多时间和心血，想要复制一个 Palm Pilot（掌上电脑），不过等他意识到 iPod 会让 Palm Pilot 黯然失色时，就直接砍掉了这个计划。他手下的工程师们也因此得到了解放，可以全心全意地研究 iPod 了。最后，iPod 获得了颠覆性的成功，至今仍令人们爱不释手。

而"保持愚蠢"更多的是保持一种心灵上的谦卑。在浩瀚无边的物质世界和精妙无穷的精神世界中，谁敢说自己已经聪明得无所不知了呢？既然世界上总有你不了解的事物，那么承认自己的愚蠢就永远是必要的。这会让你认真审视那些自己原本不理解的东西，从而扩张你的心灵版图。也正是这种愚蠢，才是精英与庸碌者的巨大区别。

曾有人问过爱因斯坦为何可以发明相对论。爱因斯坦回答，是因为他比较笨，别人很早就明白了时间是怎么一回事，但他理解不了，于是一直思考，最终给出了自己的解释，那就是相对论。

"保持愚蠢"还可以破除我们心中那种"虚幻的优越性"。有心理学家研究发现：

96% 的癌症病人都觉得自己比其他癌症病人健康。

93% 的司机都认为自己的安全意识高于普通司机。

90% 的学生都觉得自己的智力高于平均水平。

94% 的教授都认为自己的教学水平比学校的一般教师要高。

92% 的访问者都觉得自己比一般人更公正。

这种普遍的对自己高估的现象，在心理学上的专有名词叫作"虚幻的优越性（illusory superiority）"。大多数人并没有意识到自己具备这种特征。我们觉得自己非常聪明，至少是比一般人聪明。我们更多地用"中上等"来评价自己（这也是为了让听者感到舒服，其实我们内心无疑认为自己是"上等"的）。因此，我们总是急于向他人说明自己的看法，哪怕并没有人询问我们。

当你意识到自己是愚蠢的，就会更少地发表看法，更多地去倾听，更多地去提问，不会被内心的成见所左右，因而可以了解到真实的情形。不管做人还是做事，这显然都太重要了。

"保持饥饿，保持愚蠢。"让我们把心灵的脚步慢下来，甚至停下来，静心、放松、休养。甚至给灵魂杀杀菌、消消毒，清空那些思想和情绪上的垃圾，让内在空间空下来、静下来，给生命以充满灵性的留白！

如果你知道自己想去哪儿，
全世界都会为你让路

公元 1506 年，大明武宗正德元年，除夕刚过不久，初春似铁，寒风如刀。被严霜封死的北京城外，一位儒生对着为他送行的友人吟出一首离别之诗："天地我一体，宇宙本同家。与君心已通，离别何怨嗟？浮云去不停，游子路转赊。愿言崇明德，浩浩同无涯。"此前，他刚吃完廷杖之刑，被打得血肉模糊，只捡了半条命回来，手里的贬谪文书上清楚地写明了人生的下一站是贵州龙场，身份是驿丞。

由于那封弹劾权奸刘瑾的奏章，正值 35 岁壮年的王守仁，从相当于国防部副司长的位置，被一脚踢到边陲某县当招待所所长，在整个社会只有从文入仕这一条通往显贵之途的明代，这意味着政治生命彻底终结。血气正盛的王守仁因国忧义愤过早扔出了大牌，被一手好牌的对家彻底碾轧。

送行的友人没有想到，权倾朝野、气焰熏天的刘瑾没有想到，风雨飘摇中的大明帝国也没有想到，一代圣贤的人生传奇此刻悄悄拉开了序幕，历史也将因此改变。这位挨了廷杖之苦的六品小官王守仁，将继孔孟之后走上圣贤之路，成为后来被誉为"古今完人，真三不朽"的阳明先生。

千里长途本就不易，半路上又遭刘瑾派出的刺客暗杀，王守仁留下鞋袜和遗书，假作已绝望地投水自杀。他潜入水中游到远处，湿漉漉地爬上岸来，灰溜溜地匿踪遁走，只为归宿到那个命运之地：龙场。龙场位于今日贵州省修文县，古时为险山恶水、虫兽瘴毒之地，交通不便，荒无人烟。说是个驿丞，到地方连个草房子都寻不见。他只得带着仅有的一名仆役搭草树房，晚上暂且睡在洞窟石棺里。当地土人凶悍野蛮，却被他的文治怀柔一一折服。

每当读史至此，我都会掩卷拍案。想起电影《肖申克的救赎》里，老瑞德在安迪·杜弗伦越狱后说的那段话："有些鸟毕竟是关不住的，他们的羽翼太光辉了。"王守仁与安迪·杜弗伦，史上圣贤与电影角色竟然有相似之处，都在绝望中寻找希望，都在险境中觅得出口，都在泥沼里种出莲花。这反差巨大的两个人物能在精神世界有共通之处，只能说明人性的光辉是遍存于每个族裔、种群的基因之中，无论是明代还是现代，无论是中国还是美国，无论是贵州龙场还是鲨堡监狱，人愈近绝境，愈能见真心品性。

或者也可以说，内心澄澈而坚实的目标与方向足以助你渡过任何绝境。

人活着，得知道自己为何而生，向何处去死。安迪·杜弗伦隐忍了二十年所求的是自由。而年过而立的王守仁身在龙场，依然在践行自己幼年即发誓立志的目标：做圣人。弹劾刘瑾，受杖遭贬，逃避追杀，是为此志；治理龙场，教化土人，日格一物，亦为此志。但圣贤不是道德操行高洁即可，立德、立言和立功，此三事为中国传统人格的最高追求，常人毕生难全其一，而王守仁全做到了。

1508 年，大明武宗正德三年，春至龙场，夜星繁烁，寂静山间忽然传出一声清啸。37 岁的王守仁欣喜若狂、手舞足蹈，在龙场驿站外纵情高呼，这一刻在他眼中天地变色、万花俱盛，他的心外再无一物。他经受两年的迫害与追杀、三十五年的苦读理政后，终于悟出宇宙的真相，独于理学外再创"心学"一派。时值刘瑾倒台伏诛，王守仁出山，"开坛讲学"，升职加薪，一步步走上人生巅峰，却不知未来还有更加险恶的考验等待自己。

宁王欲反已久，建武库、纳死士、招兵买马，等到时机便以迅雷之势攻下京城。时任都察院左金都御史的王守仁只是一介文官，手无寸兵尺铁，却已拥有"心学"的宇宙天理、人心智慧，造声势，放谣言，巧离间，聚拢老弱残兵，布置迂回战术，围魏救赵，攻打兵力空虚的宁王老巢南昌，半途活捉叛匪之首朱宸濠，挽大明于将倾，救万民于水火。此后，王守仁领命南下，不费气力地平定祸害江西多年的凶残匪乱，治理一方清平繁荣，至此，得立德、立言、立功三个不朽之圣贤佳誉，名传千古。

往昔如炬，圣贤似火照耀每一颗彷徨的心灵。然而退出波澜壮阔的大视野，你会发现王守仁只是个普通人，生未逢紫气，其母孕不见白蛇。他虽然脑袋聪明，但个性有那么点痴愣。童年豪言要逐退关外之敌，被父亲当痴呆吊打一顿；听说了"格物穷理"的学问，就天天坐在花园里看竹子。哪件事超越了一般年轻人的格局？小时候，我们谁不曾放话要成为天文学家、物理学家、军队将领、国家主席？又有几人践行如一？成年后若还记得童年说过什么，就已经算是念旧了。而令阳明先生王守仁步步走向圣贤之道的，只是一句在今天看来都有那么点愣的童年豪言——"我要做圣人。"

他从来没有忘记目标，世界也为他让开了一条道路。

掩卷自问，我们这个时代不缺水电，不少吃穿，商品极大丰富，便利越来越多，但人心愈发空虚，实力和理想相差越来越远。按照马斯洛所言："当下一层级的需要得到满足后，理应出现更高层次的追求。"但为何在吃饱穿暖后的当下，人性扭曲俯拾皆是，道德沦丧比比皆然？我们像颗不那么牢靠的螺丝钉扎进大工业生产的机器上，走向死亡，走向衰竭，甚至不如古人活得通透。那么，现代人究竟缺了些什么？

大概，就是缺了记性。

拜金物化的人性，海量信息的感官冲击，让我们无暇去坚守什么。今天花钱办健身卡，放话三个月练成六块腹肌，四个月后依旧大腹便便。前脚告诉自己要堂堂正正做人，转身却为暗算了某个敌手欢天喜地。大学生满腔热血，把在寒风里穿梭着递传单都视作一种拼搏的浪漫，仅仅看到薪资愿景的落差便抬腿跳槽。小老板看着墙上的"天道酬勤"，誓言照顾好家人，推动事业更上一层楼，出门就搂着小姐莺歌燕舞。

谁知道廷杖的皮肉之苦？谁明白龙场绝地的恶疠瘴毒？我们连自己发过的誓言都不记得。有一位学生想知道何为婚姻，柏拉图让他去麦田里找到最高的穗子，但手里只能留一根，且不得空手而归。学生拔一根，却看见前面似乎有更高的，将手中的抛下继续前进。如是再三，眼见路到尽头，手里空空如也，他只好随手拔了根看上去差不多的。柏拉图大喝一声："这就是婚姻。"

同样地，这也是我们的命运。接受的太多，了解的太多，看到的太多，诱惑也太多，信念被草草抛下，人人都想去追求更闪亮的，到头来回首前尘，身后遗珠遍布，手里剩下的却高不成低不就。莫道古之圣贤均是异种非凡，他们也不过是肉眼凡胎，没有先知先觉、预料命运的能力。换位想想，我们若是王守仁，能否成为圣人？不提弹劾权臣、淡漠受刑，我们能从容遭贬，并一以贯之自己的信念吗？

身边有一位朋友，家境拮据，已近低保。上初中时看电视，觉得荧屏上的律师神气非凡，立志将来要当大律师。遭人窃笑仍不改初衷，铆足了劲儿听课备考，目标清晰明确，作风简单粗暴，高二时便已开始阅读法律相关的专业书籍。通过高考顺利升入一所名牌政法类院校，毕业后决定继续读研，却无法再向家人伸手要学费，便决定自食其力，却又不能耽误课业。动过一番脑筋之后，决定去找各运营商的话务员工作，可以白班、夜班轮倒，熬过一个通宵后继续上半天课，下午再补一觉，就这么熬过三年时光。再见她时，她已经通过国家司法考试，姣好的脸庞有些泛青，黑眼圈也遮掩不住内心的喜悦和骄傲，但我知道她受了多少罪。

这种知道自己究竟要走到何处去的人，不仅能赢得世人尊重，也能赢得命运的尊重。

不要怕年轻时一无所有

有人说，网络上流行什么，人们的心态就是什么。

大概现在正在涌动的风气就是浮躁。

如果说，前几年人们的自嘲还只是较为中性的，比如"草根"，那么现在的网络流行词则是更直白、更低俗的，比如"拼爹""屌丝""高富帅""矮矬穷""撸瑟"……

这些词登不上正经文章，进不了正经场合，却在网络中肆意传播着，用来形容一切并非口含金匙出生的富贵儿。连有着十万年薪的在中国社会收入结构中是标准的"高收入"的小中产们，也一口一个"屌丝"自嘲。

人们似乎都忘了，很多年前流行过的一句话："莫欺少年穷。"

这句话，出自一句广东俗语："宁欺白须公，莫欺少年穷，终须有日龙穿凤，唔信一世裤穿窿。"意思是宁可看不起白头老翁，也不要看不起贫穷的年轻人，因为少年人前途不可限量。少年人如果努力，迟早有一天会飞黄腾达的，就不信他一辈子总是穿着有破洞的裤子。

这句话还衍生出一个同名电影：《莫欺少年穷》。主演是大名鼎鼎的 Beyond 乐队、王菲、万绮雯。当时，黄家驹还在。

其实，有一个能形象地诠释这句话的我们大家都认识的人：周星驰。有华人处，必有星爷电影。

"老爸，这个玩具叫长江一号，同学们都有，很好玩的！""放回去！"我相信，看过《长江七号》的人都不会忘记影片中这揪心的一幕。儿子小狄为了买一个电子狗玩具瞎哭、胡闹，而周星驰饰演的农民工老爸却因生活拮据买不起玩具而动手打了儿子。

鲜有人知，这一段是周星驰童年的真实经历，痛打他的正是他的母亲。

周星驰的母亲叫凌宝儿，1957 年，凌宝儿的父亲被关入监狱，她顶着"黑五类子女"的身份，和母亲一起从广东前往香港谋生。凌宝儿很快就嫁给了一个来自上海的小伙子，婚后住在贫民区，这个地方就是电影《功夫》中奇幻的"九龙城寨"。

凌宝儿和丈夫性格不合，经常吵架，甚至大打出手。最后，两人离了婚，凌宝儿独力抚养一子二女。

由于家境贫困，每次吃饭时母亲总把肉夹给周星驰，可他总会把肉咬一遍再吐出来，有次竟把整个鸡腿扔在地上，惹来母亲一顿暴打。直到多年后，周星驰带母亲上节目，凌宝儿说起当年他的不懂事，他才说出真相——因为妈妈从不舍得吃肉，总是吃孩子们剩下的东西，所以他故意把肉弄脏留给妈妈吃。

为了贴补家用，周星驰从小跟着外婆摆地摊，14 岁开始送报纸。那时的他，从学业上看不出任何前途。香港媒体曾做过一次明星读书时学习成绩的调查，郑裕玲、莫文蔚、张学友等都名列前茅，周星驰却是差生。

他也曾试着一心苦读，然而两年后的会考成绩依然惨不忍睹。

17 岁的周星驰早早地进入了社会，在写字楼里当助理，帮上司买早点、洗杯子、送文件等等。

那时的周星驰，用我们现在的评价标准怎么看都是一个"撸瑟""屌丝""矮矬穷"（他身高只有一米七三）。然而，决定一个贫困少年能否脱颖而出的，是他的志向与努力。

周星驰不甘心一辈子就这样"没出息"，趁着香港的影视业正在迅猛发展，他鼓动好友梁朝伟一起去参加无线电视台艺员训练班。没想到，梁朝伟顺利拿到了录取通知书，周星驰却落选了。

落选让周星驰受到很大打击，他晚上会用被子蒙住头不出声地抽泣。幸好，邻居家的女孩、后来成为当红明星的戚美珍坚信他有表演的才能，向自己的无线电视台导师推荐了他。周星驰被破格录取了，成了梁朝伟的同学。

那时候，训练班每个星期上五天课，早上 9 点到下午 5 点。短短一年时间里要完成 10 门课程，前期学习有演技训练、编剧、摄影、灯光、现场控制、市场常识、中国戏曲、编剧理论、摄影概论、电视工程、武功、中国舞、现代舞等等，后期是表演实习。导师要求很严格，每三个月进行一次测试，每次考试后都要淘汰一批表现平庸的学生。许多学员读到一半就坚持不下去了。而周星驰对于来之不易的机会格外珍惜，他成为班上所有学员中最勤奋的一个。

1982 年，周星驰成为无线电视台签约艺员。然而，几个月后他才得到第一份正式工作：在儿童节目组主持《430 穿梭机》。这份工作一做，就是六年。

这份工作不累，一周仅工作三天，剩余的四天由自己自由支配。但周星驰从不把时间用于休闲玩闹，而是勤练内功，钻研演技，观察别的演员，看好莱坞的电影，或是主动想方设法地为香港无线拍摄的一些电视剧担任龙套演员。只要能拍戏，有一份盒饭吃他便知足了。

有一天，场务把周星驰带到一位演艺界大哥那里进行引荐。为表示尊重，也为了场务脸上有光，他殷勤地向大哥问好。没想到，当周星驰转身离开时，那位大哥跟身边人说："这个人怎么像一条狗一样！"

这句话像爆炸的炮弹一样，把他残存的可怜的自尊炸得灰飞烟灭。回到家里，周星驰痛哭一场。第二天，他依旧笑容满面地去片场讨好导演，只求一个跑龙套的机会。多年后，我们在《大话西游》中听到那句"你看，那个人好像一条狗诶"的台词，才知道他心里一直藏着这么深沉的痛。

渐渐地，周星驰的勤奋、认真得到了导演们的赏识，他慢慢地开始演一些有名有姓的小角色甚至是重要的配角。

1987年底，周星驰引起了香港著名导演李修贤的注意，得到了第一次接触大银幕的机会，接拍了电影《霹雳先锋》。生动、细腻的表演令他一举获得了1988年第25届台湾电影金马奖的最佳男配角奖。

这成为周星驰人生的转折点，从这一刻开始，他开启了人生罗盘中的鸿运十年。《龙的传人》《情圣》《济公》《望夫成龙》《一本漫画闯天涯》《龙凤茶楼》《咖喱辣椒》《赌圣》《无敌幸运星》《赌侠》……这一部部有着强烈的周星驰烙印的电影，至今仍是人们心目中最经典的喜剧片。

在他强大的喜剧表演面前，所有导演都黯然失色。有人说，不管导演是刘镇伟还是李修贤，只要跟周星驰合作，出来的都是"周星驰电影"。待他退隐之后，当年与他合作过的导演们也尝试拍一样的喜剧，但不管套入多少"星爷元素"，大多数电影都惨不忍睹。

周星驰最大的成功不是他电影多、片酬高，而是在喜剧界，天上地下仅此一人，无人可替代他。

"不怕少年穷，只怕老年苦。"这是又一句民间谚语，表达的是一样的意思：只要你年轻、健康，你本身就是最大的财富。

年轻的我们，有着强健的身体、旺盛的精力、熬夜后快速的恢复力和牢固的记忆力。初入社会，"一无所有"不是不幸，而是大多数人的常态。另一方面，"一无所有"也会成为我们的动力，当我们意识到自己不能倚仗父母、亲友的援助时，投机、侥幸心理便会大大减少，而无所顾忌的进取心反而逼迫我们发挥出最大的潜能来孤注一掷。

反过来说，这正是我不喜欢"屌丝""矮矬穷""撸瑟"等词的缘故。这些词是一种草草接受现状的宿命论，是一种因为先天不足而放弃了后天努力的懒怠，也是一种坐等失败的颓丧。

记住，"少年穷"不可怕，可怕的是因为贫穷而自丧其志。

别让你的梦想成为一场梦

英迪拉·甘地说过："世上有两种人，一种人做事，另一种人邀功。我要试着做第一种人，因为这类人比较没有竞争对手。"

景兰比较胖，整个人显得特别没精神，是扔在人堆里无论如何也找不到的那一种。从认识她以来，她每天早晨 5 点半就会准时带着电脑离开寝室，去有氧操馆练舞。她捧着肥嘟嘟的脸说："我的梦想是做一名舞蹈家。"说完转了两圈，看起来并不优雅。

看着她那明显比舞蹈演员胖了几圈的身体、尚未展现出优雅气质的外形、不具美感的动作，我有点担心："也许这只是她的一个白日梦吧！已经超过 18 岁，身形又这样，即使再努力，还会有机会吗？"

景兰却相信，只要自己付出足够多的努力，就会闯出一片天地，实现成为舞蹈家的梦想。

不得不说，幸运之神就是比较眷顾那些会精心照顾梦想、毫不在意别人看法的人。大学四年，景兰从大胖子成为微胖界的瘦子，再穿着舞裙转起圈来，也会让人觉得仙气十足。她整个人都变得苗条纤细、白皙干净，完全褪去了当初的土气和傻气。

毕业后，在绝大多数学生都为寻找一份工作而四处奔波时，景兰也在各个艺术学校里奔波，希望谋得一份舞蹈教师的工作。我很为她担心，毕竟不是科班出身，会有人选择她吗？我身边有人毕业于某专业舞蹈学院，却只能在一家很小的舞蹈培训机构做老师。当我把这件事告诉景兰时，没想到不仅没让景兰退缩，反而激起了她想要参加舞蹈培训班的兴趣。

在大多数同学都可以靠微薄的工资来保障生存时，已经修炼出了一种特殊的舞蹈家气质的景兰还没有一份稳定的工作，主要靠打零工、做临时礼仪小姐为生。她甚至需要借住在大学室友的住处，也放弃了第一份工作就要从事舞蹈行业的想法，准备先找一份工作维持生活。

之后，景兰在一家五星级酒店谋得了一个大堂经理的职位。这份工作没有固定的假期，"黄金周"期间二十四个小时连轴转都有可能，碰上没有素质的顾客还会莫名其妙地被训斥。虽然艰难，但景兰没有放弃，因为她知道自己需要钱去实现做舞蹈家的梦想。

就在这样艰难的情况下，景兰回到家还是会对着舞蹈视频学习新的动作。朋友劝她不要这么拼命，毕竟人是需要休息的。景兰说："不行，跳舞需要每天都练习，我害怕自己会忘了，害怕如果有机会再回到舞蹈教室的时候，我的四肢会跟不上节奏。"

景兰的生活渐渐好转，有了一点存款后她就辞职了，去参加舞蹈比赛。她在比赛中获得了省级第二名，即将去参加国家级比赛。再见到景兰时，她已经有足够的钱可以请我吃饭。她笑眯眯地说："下次比赛就不用担心了，生活费足够了！"那时我突然明白，人在尘世行走，什么都可以失去，但千万不要失去实现梦想的勇气。

那天晚上我坐在沙发上，看着景兰送给我的比赛视频。她灿烂的笑容将我融化，曼妙的身影宛如仙女临凡。

我们普通人的梦想就像野草，或许并不惊人，甚至会被踩踏，却拥有着惊人的生命力。只要给它一点土壤、一点水分，就有可能长成绵延千里的草地，绿了江南岸。那么，当你为生不逢时感慨时，为梦想无法实现沮丧时，为衣食无着落担忧时，是不是停下苦闷和彷徨，先从迈出第一步开始？

除了自己，没有人需要为你的人生负责

聚会时，朋友带来一个女孩。

女孩的脸上写满"不快乐"，唱 KTV 时她一直坐在角落里，和大家欢乐的气氛格格不入。散场之后，由于顺路，朋友开车送我和女孩一起回家。

朋友半开玩笑地问女孩："你干吗一副全世界都欠你钱的表情？做人哪，最要紧的是开心。"

没想到女孩幽幽地回答："我这一生就是被这世界给欠了。"

她成长在一个三线小城市，父亲是一个工人，母亲是当知青时嫁给他的。父母两个人从出身到爱好到知识结构都截然不同，导致她还没懂事，脑子里就烙下了两人摔东西打架的记忆。

"他们对我从来都只有否定，没有肯定，从没夸奖过我一句。导致我长大以后特别自卑，在职场上、爱情里都处于弱势，觉得自己肯定不会成功，肯定没人喜欢我、爱我。他们的关系也让我对亲密关系缺乏信任……"女孩一口气说了很多，句句都是怨怼。

我静静地等她说完，只问了一句："你今年多大？"

"25岁。"

"成年之前，父母为我们负责，成年之后，我们的生命只由自己负责。"

美国脱口秀女王奥普拉·温弗瑞的故事就诠释了这一点。

奥普拉是"非婚生子"。她刚出生不久，父母便分手，把她扔给外祖母照顾。半文盲的外祖母自创"象形"认字法教外孙女认字，休息时，外祖母就把从教堂听来的圣经故事讲给小奥普拉听。

6岁时，奥普拉搬到母亲居住的密尔沃基（美国威斯康星州东南部港市）。9岁时，不幸的事情发生了——她被堂兄强奸，还有好几个亲戚也虐待她。

1968年，14岁的奥普拉怀孕了。第二年年初，刚过15岁生日，她就生下了一个男婴，孩子出生后一个月零八天就夭折了。

这段经历让她痛苦不已，她跟伙伴们鬼混、抽烟、吸毒、喝酒，越陷越深，她的生命在肮脏的大染缸里浸泡，几乎看不到任何重生的机会。

幸好，奥普拉那冷酷无情的母亲把她推给了父亲。

14岁之前，奥普拉连父亲长什么样子都不知道。住进父亲家之后，继母首先向奥普拉"开刀"，命令她每周背诵20个单词，否则别想吃饭。父亲制定了教育大纲来统领、构建和引导奥普拉的成长，读书、读书、再读书，奥普拉完成了继母布置的任务后，还要继续满足父亲的要求，每周写读书报告。

天道酬勤，奥普拉改头换面。当时社会的流行观念是"肤色越浅越优秀"，而肤色黝黑的奥普拉决定要做班上最优秀的学生。她在费城举行的有一万名会员参加的校园俱乐部演讲比赛中，凭借一篇短小震撼的演讲《黑人·宪法·美国》拔得头筹，赢得了一千美元的奖学金。

1971 年，奥普拉摇身一变成为"那斯威尔防火小姐"，同年她又戴上了"田纳西州黑人小姐"的桂冠，并于 1972 年进入田纳西州州立大学主修演讲和戏剧。

在大学里，奥普拉厉害的口才已名声在外。大一时，哥伦比亚广播公司（CBS）纳什维尔分部便两次找到她，希望她去工作。她走进 CBS 的大门，这扇门开了，就没有人能关上。

在电视台，奥普拉开创了一种全新的充满感情的新闻表述方式，名声大噪。

这和她童年受到的创伤有关。因为自己尝受过如此深刻的痛苦，在谈话时，她便能有一份同理心去对待自己的谈话对象。她愿意去了解他们，倾听他们的酸甜苦辣。她与生俱来的敏锐的洞察力令她仿佛是对方肚子里的蛔虫，能恰如其分地捕捉到对方的潜意识。

她擅长提出极具针对性的问题，这是她的抚慰，为那些受到心灵折磨的人群开掘了一个出气孔，让他们痛快地释放出压抑情绪。

看奥普拉的节目，就如同在倾听一个好朋友和你交谈。对于隐私，大多数人是藏得越深越好，奥普拉则恰恰相反，她总是乐于向人们坦露无遗。她在节目中讲述自己小时候的"劣迹"——曾经抽过可卡因，甚至谈到她幼年被强暴的经历。她的坦率和真诚，让她的听众能很快进入议题，也使她能开拓别人不曾想到过的话题。

《奥普拉脱口秀》成为奥普拉的个人品牌，曾一直占据美国脱口秀类节目的头把交椅。据估计，在美国曾经每周有 2100 万观众收看，并且在海外107个国家播出，成为电视史上收视率最高的脱口秀类节目。

董事长、制片人、主持人、演员，这一系列称呼都不足以全面描述奥普拉的身份。在美国，存在着"奥普拉法案""奥普拉读书俱乐部""奥普拉杂志""奥普拉天使网站"等等，无不显示出这个黑人女子惊人的影响力。

如今，奥普拉的个人净资产已超过十亿美元，这个年过60岁的成功女性仍然每天5点半起床，6点出门，一天的工作结束，回到家后还要准备第二天的工作。她的未来将延伸至何方，无人知晓。

"如果上帝给你关上一扇门，不要哭泣，他肯定为你开了一扇窗户。"这是一句看似烂大街的话，但仔细咀嚼你会发现，这句话其实是对的。

对于奥普拉而言，"童年不幸"这四个字是板上钉钉的。自幼被父母"抛弃"，9岁时被强暴，14岁产下私生子……这些经历放在任何人身上，都是无法忘却的阴影。甚至奥普拉自己都在节目中吐露心声："我几乎被毁掉了，这么多年来我一直告诉自己已经治愈了伤痛，但是并没有。我心里觉得特别羞耻，我在无意识中老是为那些男人的行为责备自己。"

然而，一个成熟的人，一个为自己负责的人，在面对阴影时会做的第一件事是承认它的存在，然后继续前进。甚至，将它作为前行的动力，也把它化作体谅他人的一份温柔，就像奥普拉那样。

没有谁的生命，不曾千疮百孔。即使是口含金匙出生的千娇百媚的公主，也曾在深夜的七层羽绒褥子上痛哭，只因为那褥子底下有一颗豌豆。但一到白天，还是要擦干眼泪，继续走下去，只因为每个人都是一个独立的个体。

你所经历的不会比奥普拉更痛苦。倘若跟她一样，甚至比她更糟糕，请让我抱抱你，让我指出你所拥有的：不管之前经历过怎样的惊涛骇浪，你到底是平平安安地活到了现在。仅凭这一点，过去就不算太糟糕，以后也要鼓起更大的勇气走下去。我们的人生很可能都会受到种种外在痛苦的侵蚀，承认它们，并接受那些事情的发生吧。从这一刻开始，让我们为自己未来的人生负责。

Part 3

不忘初心，方得始终

世界并非宿命的。拥有什么样的内心，
就会从这样的内心长出什么样的故事。

不忘初心，方得始终

提到"不忘初心，方得始终"这句话，大部分人可能很容易想到全球知名企业家乔布斯，自从他在日本禅者铃木俊隆的《禅者的初心》一书中看到这句话后，就以一生来实践它。不过，我们这本书毕竟不是乔布斯的传记，一个人再伟大也无法涵盖世上全部的真理。事实上，大部分成功的企业家都深深明白它的内涵，即使他们很可能没有都读过这句话。

比如，全球很多人喜欢的女神——老干妈陶华碧。

老干妈辣椒酱不知道滋润了全球多少人的味蕾，它不但是国内许多家庭的厨房必备作料，还安慰了无数海外华人、留学生的胃。炒菜、烤鱼、拌面……甚至直接拌进白米饭里，那种香辣为主的微妙的综合口味都能令无数人胃口大开。在豆瓣网的"老干妈"条目下，甚至有人改写了世界名著《洛丽塔》的开头："老干妈，我的生命之光，我的欲念之火，我的罪恶，我的灵魂。老——干——妈；舌尖得由上腭向下移动三次，到第三次再轻轻贴在牙齿上：老——干——妈。"

陶华碧于1947年出生在贵州省湄潭县的一个小山村里，从未上过学。她在20岁时嫁给了206地质队的一名队员。几年后，她的丈夫得病去世，留下了她和两个儿子。1989年，陶华碧把省吃俭用攒的所有钱拿出来，四处捡砖头，在贵阳市南明区龙洞堡的一条街边开了一家专卖凉粉和冷面的"实惠餐厅"。为了增加凉粉的风味，她特意制作了一种辣椒酱用来拌食，结果辣椒酱比凉粉更受欢迎。某天她因身体不适未能制作辣椒酱，当天竟然没有一个人吃凉粉了。这件事让她发现了商机所在，更潜心对辣椒酱进行了进一步的研究和改良。

1996年7月，陶华碧招聘了40名工人，租借南明区云关村委会的两间房子当作厂房，开始制作"老干妈麻辣酱"。1997年8月，贵阳南明老干妈风味食品有限责任公司正式挂牌，工人扩大到200多人。1998年，"老干妈"的产值还只有5014万，到了2013年，就达到了37.2亿，十五年间的产值增长了73倍。2014年，贵州政府专门奖励老干妈集团一个"A8888"车牌，原因就是集团创下了三年缴税18亿、产值68亿的成绩，带动了800万农民致富，不仅为国家创造了巨大的经济效益，也产生了良好而广泛的社会效益。

有意思的是，在现今这个几乎每个企业都有贷款、都梦想着能融资上市的资本化大环境中，陶华碧坚持的却是"不贷款、不融资、不上市"的"三不"政策。

2001年，为了扩大经营，陶华碧想增建一处厂房，而当时公司的大部分资金都压在原材料上，有人建议她去向政府寻求帮助。贵阳市南明区委得知此事后，出于帮扶地方企业的目的，立刻就安排好了银行贷款，并打电话让她去区委谈谈。陶华碧去区委时，发现区委办公楼的电梯是坏的，就对会计说："政府也很困难，电梯都这么烂。我们向政府借钱，就是给国家添麻烦。不借了，我们回去。"（她不理解通过政府来调剂贷款的意义，认为自己这就是在向政府借钱。）自此以后，老干妈再也不曾向任何银行贷过款。

至于不融资、不上市的底气，主要还是来自公司雄厚得令人咋舌的数十亿现金流。从一开始，陶华碧就坚持现款现货的原则，收购农民的辣椒时都是一手交钱，一手交货。她曾说："我从不欠别人一分钱，别人也不能欠我一分钱。"因此，想做"老干妈"的省级代理是一件非常难的事，要给总公司一两千万的保证金，才能证明你的实力和决心。

对这件事，陶华碧解释说："我没有跟国家贷过款，贴息、贷款我都不要。政府很早以前就提出要扶持，我不要。我有多大本事就做多大的事，踏踏实实做，不欠别人一分钱，这样才能持久。我不但不欠政府一分钱，也不欠员工一分钱，拖欠别人一分钱我都睡不着觉。和代理商、供货商之间也互不欠账，我不欠你的，你也别欠我的。"

所谓初心，一般都是在刚刚起心动念时最清晰，而到了花团锦簇之时，却常常因为过度膨胀而迷失，去跟随看起来更时尚、更庞大、更有力的东西，遗忘了自己的初衷。陶华碧却始终没有迷失。

在接受某家媒体采访时，媒体问她，有很多企业做大做强以后，开始走多样化，涉足最赚钱的行业，她有没有动心。

陶华碧的儿子李辉替母亲回答："七八年前，就有官员说让我们走多样化，比如可以做房地产。但是我母亲坚持不做。如果当时做了，钱可能不是问题，但辣椒品牌还能不能走到今天就不好说了。我母亲说，不要去贪大，要先把自己做强，吃的东西祖祖辈辈都可以延续下去。”

老干妈陶华碧则回答：“我是一心投入辣椒行业，想越做越大，而且要做好。钱来得再快，也不能贪多。滴水成河，要把一个行业做精。”

她守住了自己的初心。

2011年微博正火的时候，我在微博上认识了一个老乡。我们从未见过面，但是知道彼此的老家是同一个县级市的，只相隔二十多里地。我们是地地道道、不掺一点水分的老乡。

当时，他还在一个IT公司做程序员，月薪大概两三万，住在回龙观，在微博上诙谐地自称“回龙观主”。

我们很少聊天，一般说的也都是不咸不淡的话。有一天我意识到，大概有小半年没有他的消息了，就点开他的微博看一下，然后吓了一跳！这小子居然去西塘开了一家客栈！

我私信问他的情况，他第二天才回复，因为打理客栈比较忙。他说，其实他的梦想一直就是这种生活在云水之间，与人有交往但又不过分密切的生活。他把这几年上班攒的钱都拿出来了，差不多够用。现在客栈的生意比刚开业时已经好了很多。

又过了一段时间，他说他谈恋爱了！在北京时，他已经有两年多的空窗期，因为遇不到合适的人。而现在，这位姑娘性格温柔又勤勉，闲暇时会跟他一起去西塘漫步，忙碌时又能挽起袖子利落地干活儿。他说：“因为我在对的地方，所以遇见了对的人。”

什么是对的地方？我思考了很久。现在，他在自己最想在的地方，做着自己最想做的工作，而相似气质的自然会慢慢聚集在一起，所以，他理想中的姑娘也出现了。

最近的消息是，他的客栈一直在稳定地赚钱，目前没有暴富的可能，但也不会亏本。谈恋爱的姑娘已经成了他的妻子，刚刚生了一个可爱的女儿。照片我见过，小婴儿目光澄澈又充满好奇，皮肤粉嫩；他和妻子在旁边，笑得无比满足。

幸亏，当初的他没有在大都市的打拼中迷失本心。

所有毁不掉你的，都会使你坚强

"在经历苦难的时期，我看到过一幅画。画中有岩石在汹涌的海浪面前仍然毅然耸立着，让我感触很深。"韩国总统朴槿惠在接受的采访中，当谈及"痛苦"时平静地说道。

熟知政坛故事的人都知道，朴槿惠的人生足够艰难。她的父母先后被刺杀，年轻时曾热恋的对象也因她的家庭背景与她分手，她独自一人度过内心的煎熬。1992年5月21日，她甚至在日记中写道："如果我要再次过这样的生活，我宁愿选择死亡。"

她的人生中充满了悲剧，却没有被悲剧毁掉。相反，悲剧之火似乎淬炼了她，让她更为坚忍和纯粹。从1997年起，她再度向政坛发起攻势，经过一次次竞选，最终于2012年12月20日以韩国执政党新国家党候选人身份成功获选韩国新一任总统。由此她也开创了历史，成为韩国第一位女总统。

经历变故时之所以痛苦，是因为我们还活着。因为我们要活下去，所以要重新站起来。那么，所有毁不掉你的，都会使你坚强。

身边的一些朋友偶尔会这样抱怨："为什么我不是高富帅或者白富美？为什么人家可以一路畅通？我却磕磕绊绊、辛酸无比？""开了挂"的人生并不存在于每个人身上，泡在蜜罐里长大的那些人是我们都会羡慕不已的对象，而我们自己好像总是在经历"屋漏偏逢连夜雨"的悲惨。

但是，请相信，现在正扮演着悲情角色的你，没准儿在人生的下一幕就是万人之上的佼佼者，只不过，要坚强地一路走下去。

会议室里的秦雪伶牙俐齿地为各位领导解释着新一季的广告方案，配合着完美的 PPT 演示，她顺利地拿下这一季度的广告宣传案。

26 岁的秦雪是标准的优秀职业女青年，成熟大气，才华出众，最重要的一点是，年纪轻轻的她竟然能做到宠辱不惊。面对种种情境，她都能游刃有余地应对，保护自己是前提，点到为止是气度。

这貌似又是一个"开了挂"的"别人家的孩子"。进公司不到两年，从一个小小的助理蜕变成拥有精英团队的策划专员，公司合作的各大品牌广告商都会点名预约秦雪的策划团队。在一片羡慕嫉妒恨的声音中，秦雪不温不火，安然自适。

现在的淡定并非天然得来。哪个女孩没有过一颗公主心？只不过，工作是工作，生活是生活，八年来的历练让秦雪在各种角色中熟练地转换。"开了挂"的背后，是鲜为人知的辛酸。

秦雪的朋友不多，但是每个都是"铁瓷"。小倩是陪伴她一路走来的知心姐妹，有时候，看着如今的秦雪，小倩在欣慰之余总会有一丝心疼，因为她知道秦雪经历过什么。

父母早在秦雪 6 岁时就已离婚，她在爷爷奶奶家长大。爷爷奶奶固然疼她，却也异常在意外人的眼光，时常语重心长地告诉她："你跟别人不一样，你要更争气！"就在这种沉重的压力下，秦雪虽然重点小学、重点中学一路绿灯地走过，却总有种"朝不保夕"的危机感。直到现在，她偶尔还是会从噩梦中惊醒——考试不及格，要回家面对爷爷奶奶失望的眼神。

虽然如此，秦雪的性格里天生有一种活泼的生命力。因此，她一直还有很多课外爱好。上大学后，这些成了她参加各种社团的资本。也是在社团中，她遇到了自己的初恋，却没有想到，面对留校任教的诱惑，她居然被自己的初恋背叛了——他盗窃了她的论文发表在期刊上，并署了自己的名字。

如果说童年的重压令秦雪时刻保持着危机感，这次感情的背叛则让秦雪发现了物质的诱惑力。在很长一段时间内，她将自己完全投入到工作中，几乎每个夜晚都在加班，拼命琢磨所有细节，玩命把提案做到完美。那段时间，小倩想叫她出来放松一下的每个邀约都被拒绝，而终于，工作本身拯救了秦雪。

工作带来的成就感，磨砺每一个细节时沉浸其中的专注，对工作自身结构的玩味，这些甚至间接地令秦雪懂得了一些人生滋味。

当她从工作中探出头来，换上漂亮衣服，叫上小倩出去嗨的时候，小倩发现她整个人都变了。

她身上有着那种经历过苦难才沉淀出的从容与沉着、那种承受过巨大压力才能历练出的大气与自信、那种与命运硬碰硬交过手才能学会的坚忍和执着，令小倩惊艳，甚至佩服。

也许，那些想要毁掉你的，都是易了容的命运使者。它们庞大、沉重、冰冷、残酷，而当你鼓足勇气直接面对它们，一把拉下它们身上巨大的袍服，也许就会发现那身衣服下的巨大宝藏。那宝藏是技能、勇气、坚忍、自信，是足以让你在这个世界安身立命、活出自我的东西。

优雅地拥抱这个充满苦难的世界

或许我们都看过这样一幅照片，一个骨瘦如柴的非洲小孩蜷缩在地上，一只秃鹫在他身后虎视眈眈地等待着她死亡，想要啄食她死亡后的尸体。这幅名为《饥饿的苏丹》的图片曾获普利策新闻奖，而拍摄它的摄影师最后则因舆论压力自杀身亡。

"图片上的小女孩代表着苏丹的苦难，可那位摄影师的拍摄乃至获奖，又何尝不是一种苦难？"大学时，我的一位政治老师谈到这个作品时如是说。

摄影师在现场承受着直视死亡的压力，有人质疑他为何不用拍摄的时间来救助孩子。但他的专业毕竟是摄影，他选择用相机向世界呼喊，让人看见具体的苦难，从而结束更大的苦难。他的目的达到了一部分，而另外一部分换来的却是一片质疑和谩骂，这让又一个灵魂走向了凋零。

跟我们的愿望相反，这个世界原本就充满苦难。也许某一天，我们也会像这位摄影师一样束手无策。

无论是自己路途艰辛到步履维艰，还是和他人较量却屡战屡败、苦不堪言，请始终优雅地拥抱这个充满苦难的世界。

接到齐宇新书发布会的请帖的方世斌停下手头的工作，点了一支烟，静静地看着夜色吞云吐雾。没有人知道到底是什么缘分让看似八竿子打不着的他们成了彼此的兄弟。

齐宇是标准的富家公子，刚刚入校的那一天，他宿舍外的白色宝马差点被兴奋的学姐们摸成了大花猫。2005 年那会儿，在校园里，这样的车还是能引发一场躁动的。只是，齐宇并非风流倜傥的少爷打扮，而是一个衣着朴素、拖着行李的大男孩。他在众人惊奇的眼光中走向宿舍的时候，方世斌正拖着一个大编织袋，在大巴车上颠簸着。

方世斌来自农村，家境贫寒，当入学的兴奋退去，他很快发现自己陷入到了捉襟见肘的生活。单靠家里给的生活费，每个月连食堂的饭菜都吃不起，更买不起新衣服。他蹩脚的方言也引来不少别有意味的目光。

于是，他开始到处寻找打工的机会，除了在学校勤工俭学能赚三四百元钱，还到处去接家教。即使这样，每个月的日子依旧过得紧巴巴的。在食堂吃饭时，他通常打一份最便宜的青菜和米饭，独自躲在角落里默默吃饭。有时候实在太窘迫，还会搞出"馒头就米饭"这样的搭配。

某天，方世斌正在食堂自顾自吃着"馒头就米饭"，齐宇带着一盘红烧肉出现在他面前，对他笑了笑，说："一起吃吧！"

方世斌犹豫着伸出筷子，最终还是收了回来。

"怎么，难道我还会在肉里下毒吗？"齐宇开玩笑说。

方世斌低头啃着馒头，悄声说："不用你可怜我。"

齐宇笑着对方世斌眨眨眼："大斌，把所有欣赏都当成同情就是你的不对了。别人觉得你过得苦不要紧，你自己觉得自己过得苦才要命啊。"

方世斌愣了一会儿，微笑着又伸出了筷子。

从那天起，两个人形影不离。方世斌忙于赚钱的时候，齐宇则忙着做自己的文学梦。他父亲期望他将来继承家业，所以把他送来学金融，而他最爱的却是写作。某天他跟父亲又在电话里发生了冲突，当晚就叫上方世斌一起喝酒。喝高了的时候，方世斌拍着他的肩膀说："齐宇，要么死心塌地干金融，要么就写作一条道走到黑！走不下去的时候，哥们儿撑着你！"

方世斌说到做到。在齐宇的父亲一怒之下断绝了他经济来源的时候，在齐宇父亲破产、全家经济崩溃的时候，在齐宇屡屡投稿不中失落彷徨的时候，方世斌不仅从心理上，也从经济上支持着齐宇——毕竟，他越来越有赚钱的本事了。

几年后，当齐宇出版的第一本书销量过十万的时候，方世斌也成功晋升为所在公司的部门总监。在两个人私下的庆功会上，齐宇对着方世斌举杯："谢谢你，兄弟，你给了我追寻梦想的底气！咱俩一起超越了苦难的生活！"

人生在世，苦难是随处可见的。而面对苦难，最体面的方式就是优雅地拥抱它，并超越它！

阅读让你摆脱个人困境

一个秋日的下午，和女友 S 一起喝下午茶。

S 是 20 世纪 70 年代初生人，经历十分丰富。自少女时代她就爱恨分明，敢于为爱走天涯，工作后被已婚渣男欺骗感情，封锁起一颗心，辗转多个城市，创业投资做得风生水起。她放出豪言："我妈那一辈的女人是'我靠男人'，我这一代的女人是'我靠！男人？'，姑娘我挣的钱用到下辈子都绰绰有余，还需要什么爱情？"

话音仍不绝于耳，S 却突然从朋友圈"失踪"了。再出现时是一年后的聚会，她怀里抱了个白白胖胖的宝宝，眉开眼笑，再看身边，是一个比她小好几岁却对她一脸宠溺的青年才俊。我们这群朋友面面相觑，这才知道 S 之前玩消失是捂着曾被自己推翻的爱情。

这次见面，大家少不得要仔细打听。

S 心满意足地叹口气："当年离开 W 时，真以为这辈子再也不会相信谁、爱上谁了。"

W，就是那个渣男。当年他"空降"到 S 所在的企业，隐瞒已婚状况秘密追求 S，等任期结束调回上海，便对 S 弃如敝屣。S 为他付出的，不仅有感情，还有声誉。W 的老婆从 W 的电邮中察觉隐情后，给 S 所在的分公司写了一份电邮，人人有份。从此，到处都有人对 S 指指戳戳，私下议论。S 自觉芒刺在背，这才辞职离开了那个安逸稳定的公司，南下创业。

"那是最痛苦的一段日子，刚创业什么也不懂，钱被合伙人骗光了。自己一个人住在深圳城中村的一间 20 平米的违章建筑中，连下个月的租金都没有着落。"S 叹气。

"那你是怎么熬过来的？"

"看书啊，"S 挑挑眉头，"不是为了混日子打发时间，也不是想在书中寻找成功的捷径。对于空虚而痛苦的灵魂而言，书籍本身就是一种慰藉。"

她的话，让我想起了一个举世皆知的女诗人，她也曾遭遇痛苦，最终在阅读和写作中获得了解脱。

她就是伊丽莎白·芭蕾特·勃朗宁，她的诗歌和爱情传奇一样不朽。

伊丽莎白·芭蕾特于 1806 年出生在英格兰的达勒姆郡。她自幼就身体虚弱，家庭医生常常给她开鸦片来治疗神经系统的失调。

她是一个才华横溢的女孩，早在 10 岁之前就已经阅读了若干莎士比亚的剧本、荷马的部分译著、《失乐园》以及英国、希腊和罗马历史的若干篇章。几乎在每方面，她都是自学的。

15 岁时，厄运降临在伊丽莎白的头上。据说是骑马摔倒造成了脊椎损伤，又加上肺病引起的咯血，她从此变成了一个残疾者和隐士，常年卧床，能接触到的只有一两个人。而伊丽莎白的父亲又是一个专制的清教徒，不讲情理地禁止子女恋爱、结婚。

她因礼教大防而不能轻易见人，生活在类似于被囚禁的幽居，一间斗室似乎就是这个不幸的女子的一生。放在任何人的身上，这种遭遇都能把人压垮，甚至精神失常。

然而，伊丽莎白是一个倔强的女子，陪伴她的，还有她最心爱的书籍。

处在病痛折磨下的她，在浪漫主义诗人特别是雪莱的影响下开始写作，把被禁锢的生命能量在创作中发挥出来。

她冲破狭小病房的局限，深切关注当代社会问题，她继承并发扬了浪漫主义诗歌传统，抱着对宗教和政治的激情为被压迫、被欺侮者大声疾呼。她为妇女呼吁，她为处境悲惨的童工请命，她的诗《孩子们的哭声》很大程度上推进了英国童工改革。她揭露并批判奴隶制度的罪恶，写出被鞭打、被强暴的女黑奴的血泪控诉，这造成她与父亲失和，因为她父亲拥有大量海外种植园，而奴隶制一步步被废除直接导致了他的财产亏损。

伊丽莎白于 1844 年出版的《诗集》使她名贯英伦，数年后，桂冠诗人华兹华斯去世，她与丁尼生并列为桂冠诗人候选人。

她的诗，默默地吸引了一位当时还并不出名的诗人：罗伯特·勃朗宁。

这一年，勃朗宁 32 岁，伊丽莎白 39 岁。尽管从未晤面，勃朗宁却深深地爱上了这位勇敢而正义的女士。他给她的第一封信中写道："我全心爱你的诗，亲爱的芭蕾特小姐，而且我也爱你。"

因为自己的病躯和年龄，伊丽莎白努力想让勃朗宁降温，但她却身不由己地深深陷入与勃朗宁说知心话的书信来往中。1845 年，两人初次见面后，勃朗宁更是几乎每天送一封信和一束鲜花到她的床前。伊丽莎白竭力抗拒着这份爱，最终被勃朗宁的真情融化。

她最著名的诗歌之一《不是死，是爱》表达了她的心理转变：

> 我背后正有个神秘的黑影
>
> 在移动，而且一把揪住了我的发，
>
> 往后拉，还有一声吆喝（我只是在挣扎）：
>
> "这回是谁逮住了你？猜！"
>
> "死。"我答话。
>
> 听哪，那银铃似的回音："不是死，是爱！"

严厉的父亲不准许伊丽莎白和勃朗宁交往，于是他们的爱情带着怒火爆发了。一对有情人终于决定不顾严父的禁令，"私奔"去意大利。私奔之后，奇迹发生了，伊丽莎白破天荒地重新站了起来，渐渐能走出房间，重新亲近大自然。

1846 年 9 月，伊丽莎白和勃朗宁秘密结婚了，从此她成为文学史上的勃朗宁夫人。父亲剥夺了她的继承权，她和勃朗宁过着窘迫却异常幸福的生活。她的创作也到达了井喷期，她最受好评的作品——抒情诗集《葡萄牙十四行诗》和诗体小说《奥罗拉·丽》，都在婚后写出。

伊丽莎白在 43 岁高龄时生下了一个儿子。1861 年的一个夏日，因为肺功能衰竭，55 岁的她安静地死在了丈夫的怀抱里。

如今，我们提起勃朗宁夫人，必然会提起她的这段爱情传奇。但我觉得，爱情只是偶然，伊丽莎白坚持不懈的写作才是她光辉一生的源泉。她本来是一个有残疾的病人，生命只剩下没有欢乐的日子，青春黯然消逝。然而，她在书中寻找到了人类数千年的智慧与经验，寻找到在世人习以为常的感官刺激之外更加深沉而耀眼的愉悦。

古今中外都有许多鼓励阅读的谚语，"书中自有颜如玉，书中自有黄金屋"让无数学子前赴后继，在书中寻找升官发财的捷径。然而，将阅读功利化，其实是对书籍的亵渎。

最好的书籍，并不是现实意义上"实用"的，而恰恰是"无用"的。唯有"无用"的书，才真正能扩大你的眼界，重建你的三观，洗涤你的灵魂。而当你拥有了一个强大而善良的灵魂，无论你身处波峰还是波谷，都能宠辱不惊，笑看庭前花开花落。

就像 S 当年在阅读了大量文学、哲学、历史书籍后，她忽然发现，所有人都是赤条条地来去无牵挂。只要放下，走出哪一步都是新生。

勇于冒险，带来非凡成就

一位成功的外国企业家说过这么一句话："你个人的项目，应该有四分之一会失败，否则就说明你的冒险精神不够。"

一般人习惯于相信权威、遵循经验，很少有人敢于突破现状，主动寻求改变。换言之，很少有人愿意放弃稳定的现状去冒险，哪怕现状如鸡肋般"食之无肉，弃之可惜"，而勇于冒险是领导者，尤其是企业家的必备特质。正是冒险让他们获得了非凡成就。

跟普通人相比，企业家更富有冒险精神，他们更常去做别人不敢做甚至不敢想的事。也只有在创业和经营时敢于冒险、善于冒险，才能获得比一般人大得多的成就。

科宝·博洛尼的董事长蔡先培先生就是一个富有冒险精神的人，因身上那股永不枯竭的活力，他甚至被业界人士称为老顽童。他50岁才开始创业，65岁才学开车，68岁还在打高尔夫球，70岁的时候学会了开飞机，71岁去玩游艇，72岁搞定了骑马，73岁又选择了再次创业……跟一般人不一样，他的人生越往后越富有刺激性，而不是随着年岁的增大更倾向于安稳。

蔡先培先生是河北人。他于1936年出生，很小的时候就开始了颠沛流离的逃亡生活。因为无人管束，他少年时代爬山、下河、打架、偷瓜，几乎无所不为，也正是在这种毫无拘束的生存环境中，他的冒险精神和想象力得到尽情地发展。对他来说，这种强烈的冒险精神几乎是与生俱来的，他从心底认为冒险就代表着更大的收益，风险越大，收益就越高，而没有风险的机会几乎没有任何值得强烈追求的价值。

成年后，蔡先培一直在首都钢铁厂工作。1986年，在他50岁的时候，北京政府首次提出了中国"硅谷"——中关村的概念，一时之间，"下海"蔚然成风。蔡先培敏锐地意识到这是个机会，他毅然辞职，开办了一家做肩背式淘金机的企业。蔡先培创业的次年，美国某工业协会在北京办了一个展览。他仅凭借在展览上看到的某个产品的外观，就用半年时间设计出了一款肩背式淘金机。此后，他又发明了"拧水拖把"和"排烟柜"。两年后，他又发明了"油烟柜"。紧接着，他进军厨房和家具领域。大概有两年时间，他在厨房领域没有任何竞争对手。在此之后，他儿子蔡明又将生意扩大到了卫浴、衣帽间乃至整个家装市场。

至此，蔡先培所拥有的财富，其实已足够巨大，但对一个企业家来说，财富固然是追求的第一目标，却不是唯一和最终目标。那种奋斗过程中的紧张、刺激、成就感，才是最重要的。蔡先培56岁时，又跟儿子蔡明一起创办了科宝应用科技研究所，也就是今天的"科宝·博洛尼"。

随后几年，他将"科宝·博洛尼"基本全部交给儿子打理，自己则去挑战新的领域。

2000 年，蔡先培在北京顺义租了 2000 亩土地，种植了上千棵速生杨树苗。第二年，又以每亩两万元的价格在武汉买下 20 万亩土地，计划开发林场。接着，他又在俄罗斯开发了一大片土地，计划形成从原材料到家装全面的产业链条。

冒险精神也意味着从不止步、从不满足，永远保持一种开放的学习精神。自 2004 年起，蔡先培开始在全国范围内参加各类培训班，至今他已经上过 300 多种课程，并且从中找到了让"科宝·博洛尼"更加科学地可持续发展的方案。

蔡先培的冒险精神不仅体现在工作上，也在生活中展现出来。他 65 岁才拿到汽车驾照，开车时也喜欢冒险，自驾游遍了南方各省。在路上遇见各种状况，他最喜欢的就是自己克服复杂多变的地形和复杂车况时的满足感。他 68 岁学会了打高尔夫球，经常自己开着快车去高尔夫球场，从早上 9 点打到下午 6 点。70 岁时他圆了自己的飞行梦，学会了驾驶飞机。71 岁又学了开游艇。这种冒险精神，不仅让他在精神上保持着锋锐之气，也使他虽人到晚年但身体素质依然十分过硬，足以承担各种压力。

冒险不等于莽撞和失控。所有的冒险，必须首先保障生命安全，并善待其他生命，尊重其他人。不然的话，冒险就有可能成为自我毁灭。

愿我们每个人在生活中都敢于冒险、善于冒险，能从容面对风险，险中取胜，拼搏出属于自己的一片独特的天地！

成功往往来自又逼了自己一把

2002 年，当褚时健因糖尿病被保外就医回到自己的家乡云南哀牢山养病时，他一定没有想过，十年之后他的名字会再一次响彻中国大地。就像 1979 年刚刚被摘掉右派帽子的他去濒临破产的玉溪卷烟厂任职厂长时，也从未想过 1999 年自己会锒铛入狱一样。

很少有人的人生会像褚时健这样大起大落。他于 1928 年出生在一个农民家庭，1949 年参加了云南武装边纵游击队，1952 年加入中国共产党，1953 年因为工作出色担任华宁县盘溪区的区长、区委书记，1955 年任职玉溪地区行署人事科长，1959 年被打成右派，在农场参加劳动改造，1963 年任职华宁农场副厂长，1970 年任职华宁糖厂厂长。到了 1979 年，他人生中最重要的一次转折来临，被调到濒临破产的玉溪卷烟厂担任厂长。20 世纪 90 年代中期，他已经把玉溪卷烟厂这个地方的小烟厂做成了亚洲第一、世界第五的烟草帝国，固定资产从几千万元发展到七十亿元，年创利税收近两百亿元。"红塔山"卷烟品牌的无形资产的评估价值达到三百三十二亿元，甚至有中央领导直接叫它"印钞工厂"。

此后，褚时健变成了中国的烟草大王、国企红人，获得数不胜数的荣誉，甚至被视为烟草行业的"教父"。某卷烟厂请他去培训员工，一直把红地毯铺到厂外。

直到 1995 年，一封匿名的举报信终结了他的一世风光。

经过四年多的调查取证，云南省高级人民法院下达了一份长达八千字的判决书，宣布褚时健因贪污罪和巨额财产来源不明罪被判处无期徒刑，剥夺政治权利终身。在他入狱服刑两年后，又减刑为有期徒刑十七年。

到了 2002 年，他人生的又一个转折点来了。

因为患上严重的糖尿病，褚时健被批准保外就医，但是活动范围必须限定在老家附近，他回到了云南哀牢山。

按照常理来说，一位已经 74 岁高龄且身患重病的服刑中的老人，对未来应该已经没有什么期盼。所有的荣光都已过去，他要做的只是尽力控制病情度过余生而已。但是，褚时健不这么想。他花了十年时间，又逼了自己一把：他和妻子一起承包了 2400 亩荒山，种起了橙子。

为了种出好吃得能把国外的橙子都比下去的极品橙子，他们在橙园搭起了工棚，吃住都在橙子树下。

从对橙子几乎一无所知到成为行家里手，褚时健解决了很多不同方面的问题。橙子刚挂果时，经常掉果子。褚时健就买来许多专业书籍，对照着一条条排除原因。后来，橙子不再大规模掉果了，口味却出了问题，它既不甜也不酸，毫无味道。褚时健再度开始钻研，最后得出结论，一定是肥料配比不对。

第二年，褚时健和技术人员改变了肥料的配比方法，口味真的大幅度提高了。据说，他们采用的是独家配方的有机肥，效果又好，成本又低。褚时健甚至研究出了橙子的最佳甜酸比："好的冰糖橙，不是越甜越好，而是甜度和酸度维持在 18:1 左右，这样的口感最适合中国人的口味。"

经过九年辛劳，2400 亩从湖南引入的普通橙树在哀牢山中脱胎换骨。2012 年，褚橙首次大规模上市后立刻引发轰动，受到市场追捧。于是，那 2400 亩曾经贫瘠的土地，在褚时健手下，成为拥有 35 万株冰糖橙、固定资产八千万元、年利润三千万元、道路和水利设施齐全的现代农业示范基地，84 岁的褚时健成了"橙王"。

这是一次不可思议的成功。后来，有人曾专门采访过褚时健，问他为何做出了这个决策。褚时健给出了三个理由：

一是为了身体健康。褚时健说："闲下来，我的身体就不行了。"2001 年刚开始保外就医的时候，他的身体很差，经常头晕目眩。为了保持身体健康，就找点体力活儿来做。二是为了心理健康。褚时健并不讳言他对物质的欲望。他说："现在的国企老总一年收入几百万甚至上千万，我也不想晚年过得太穷困。"三是他还想证明自己当年成为"中国烟王"靠的不只是国家政策，更是个人实力。不论他入狱前还是出狱后，都有一些人说他的成功来自国家给予的优惠政策，云南产的烟本身又得天独厚、品质优良，所以哪怕把烟厂交给一个大字不识的要饭的，也能做出成绩。为了否定这种说法，褚时健再次把自己逼上梁山（或许应该说是哀牢山）。

没有人知道褚时健内心的真实想法究竟是怎样的。但从他做的这件事上，我深深地感到，一个人最难逾越的是自我，而克服自我之后获得的成就也是最大的。褚时健从未放弃自己的人生，在关键时刻，他一次又一次地逼了自己一把，最终也一次又一次地证明了自己，走向了成功。

就用万科董事长王石的话来结束本文吧："褚时健居然承包了2000多亩地种橙子。橙子挂果要六年，他那时已经75岁了。你想象一下，一个75岁的老人，戴一副大墨镜，穿着破圆领衫，兴致勃勃地跟我谈论橙子挂果是什么情景。2000多亩橙园和当地的村寨结合起来，带有扶贫的性质，而且是生态环保。我当时就想，如果我遇到他那样的挫折、到了他那个年纪，我会想什么。我知道，我一定不会像他那样勇敢。"

如果你也有属于自己的梦想，如果你也渴望成功，如果你也觉得自己已经走到了人生最艰难的时刻，那么，接下来，是不是也要狠狠地再逼自己一把？

有时候错的不是你，是世界

我在商场门口看见一个孩子在两个水池之间跑来跑去。

烈日炎炎，他的额头上淌着豆大的汗珠，却连擦都来不及，急匆匆地跑到东边的池子，捞起一个什么东西，迅速跑到西边的水池边，丢下去。

我因为好奇走过去一看，原来东边的池子不知为什么被放干了水，盛夏的阳光犹如烈火，数十条观赏鱼正无助地在水泥池底挣扎。那个孩子，正用手将一条条鱼儿捧起来，放到西边满水的水池中。

"别捞了，别捞了。"商场的管理员溜达着走过来半好笑半不耐烦地阻止他，"这俩池子都要拆了，改成花圃，你捞也白捞。"

"那这些小鱼怎么办？"孩子傻了。

"又不值钱，花鸟鱼市场一块钱买两条。"管理员顺脚踢了踢水池。

孩子妈妈不知从哪儿钻了出来，手里提着两大袋超市用品，急得跳脚，可又没有空闲的手去拽孩子。"儿子，给我放下！多脏啊，你看你这身衣服就上身了两次，现在都是脏水印子。能不给妈找事儿吗？

扔掉，扔掉，喜欢鱼，星期六妈带你去买两条。"

鱼儿在孩子的手心中跳跃、扑腾着，孩子低着头，几滴泪水砸在滚烫的地面上，很快便蒸发了，只剩下淡淡的印子。他忽然大步跑到西边的水池边，将手心中的小鱼珍重地放下，然后跟着妈妈离开。快走出广场时，他回头看了一眼。

我在他的眼中，看到了委屈、茫然和困惑，我读懂了他想要问的话："难道那不是需要拯救的生命吗？为什么妈妈和管理员叔叔看到的只是价格和麻烦？是我错了吗？"

那一刻，我很想走上前，摸摸他的脑袋，告诉他："孩子，你没错。"

"那为什么大人们都觉得我很可笑，觉得我做得不对呢？"想象中，那个孩子还在问我。

因为，有时候，你身边的世界也会出错。来，让我告诉你一个真实的故事。

1992 年，罗马教皇宣布为一个人平反。这一年，距离这个人的被害，已经过去了将近四百年。

这个人的名字是乔尔丹诺·布鲁诺，一个注定要铭刻在世界科学史上的不朽英名。

1548 年，布鲁诺出生在意大利那不勒斯附近的诺拉城，一个没落的小贵族家庭。那时的教育资源主要掌握在教团手中，不少修道士都是渊博的学者。在强烈的求知欲的驱使下，17 岁的布鲁诺进入修道院，成了一名僧侣。

除了学习神学体系，他还偷偷阅读了不少禁书，其中对他影响最大的是哥白尼的《天体运行论》。

在当时的欧洲，占据统治地位的天文学理论是根据基督教教义衍生出的"地球中心论"：上帝创造的生灵中，最尊贵的是人类；人类所居住的地球，也是最尊贵的星球，它是宇宙的中心，静止不动，其他的星球，包括日、月，都是环绕着地球而运行。

然而，在《天体运行论》中，哥白尼却提出了"日心说"。他说，地球在运动，并且二十四个小时自转一周。太阳才是不动的，而且在宇宙中心，地球以及其他行星都一起围绕太阳做圆周运动，只有月亮环绕地球运行。

现在看来，"日心说"有很多谬误。但在"地心说"一统天下的时代，这个说法不但惊世骇俗，更挑战了教士们的权威！

在这种情况下，布鲁诺被哥白尼的学说吸引，他的言行和论文触怒了教廷，宗教裁判所指控他为"异端"。但布鲁诺依然坚持自己的观点，毫不动摇。

为了逃避通缉，他越过阿尔卑斯山，流亡瑞士。

然而，无论他走到哪里，都会掀起反对的声浪——在日内瓦，他激烈地反对加尔文教派，遭到了逮捕和监禁；获释后前往法国南部，在当地一所大学任教，又因发表新奇大胆的言论被赶出当地；1581年前往巴黎，在巴黎大学宣传唯物主义和新的天文学观点，遭到法国天主教和加尔文教的围攻；1583年逃往伦敦，在牛津大学的一次辩论会上，他为捍卫哥白尼的太阳中心说，同经院哲学家们展开了激烈的论战，于是又被禁止讲课。

从30岁直到死亡，布鲁诺始终处在流亡—被驱逐—流亡—再被驱逐的状态。

由于在欧洲广泛宣传新宇宙观和反对经院哲学，布鲁诺引起了罗马宗教裁判所更大的恐惧和仇恨。

1592 年，罗马教徒将他诱骗回国，并逮捕了他。刽子手们用尽种各刑罚，仍无法令布鲁诺屈服。他说："为真理而斗争是人生最大的乐趣。"

被各种刑罚残酷地折磨了八年后，布鲁诺被处以火刑。1600 年 2 月 17 日凌晨，罗马塔楼上悲壮的钟声划破夜空，传进千家万户。这是施行火刑的信号。布鲁诺被绑在广场中央的火刑柱上，他向围观的人们庄严地宣布："黑暗即将过去，黎明即将来临，真理终将战胜邪恶！"最后他高呼："火，不能征服我，未来的世界会了解我，会知道我的价值。"刽子手用木塞堵上了他的嘴，然后点燃了烈火。

52 岁的布鲁诺就义了，但真理是不死的。四百多年后的今天，"布鲁诺"这个名字已经成为一个为真理而斗争、宁死不屈的伟大象征。我们早已知道，地球不是宇宙的中心，当然，太阳也不是。宇宙的名字，是无限。

有时候，我们看错了世界，却说世界欺骗了我们。

也有些时候，我们坚持着正确的东西，这个世界却错了。

私欲、胆怯、名利、谄媚、愚昧、奴性、从众、势利、蝇营狗苟……这些并不美好的东西，却常常影响着人们的判断，包括你身边的人。他们会摆出过来人的姿态，循循善诱地忠告你："多一事不如少一事，不要去扶跌倒的老人，不要对不认识的人伸出援手，路遇不平就当没看到，有钱捐助社会慈善不如自己吃掉……"

但是，亲爱的，在真理面前，请你采取坚信的姿态。真理包括正义、公平、善良、负责、勇敢、坚强、宽容、礼貌、诚信，还有很多很多。相信我，在坚持真理的道路上，你总会遇到质疑、嘲讽甚至轻蔑，请你坚定地告诉自己："错的不是我，是世界。"

所有的事到最后都是好事

　　人的内心就像一片土壤，从这片土壤里长出什么样的故事，取决于播种了什么。2015 年，火遍荧屏的华语电视节目《超级演说家》里，有一位阿里巴巴全球顶尖网商蝶恋品牌服饰的 CEO 崔万志。他将成千上万的华丽旗袍卖遍全球，在全世界塑起知性、温婉、时尚的女性身材审美观，但他自己却是个走路歪歪扭扭、说话结结巴巴的残疾人。崔万志自幼患脑瘫，双腿残疾，却以远远超乎常人的能量成为阿里巴巴全球商业帝国大厦上璀璨的明珠之一，年销售额超过千万，位列全球十大网商，和阿里巴巴之父马云一样，都是世界上最了不起的梦想家。

　　这个人曾经因为残疾，差点没法继续求学。他的父亲在校长面前下跪恳求，却被当场拒绝。在演讲现场，他只用了一句话就征服了所有的观众："抱怨没有用，一切靠自己。"

　　人自身的境况千差万别，健康或疾病主宰着我们的身体，健康让我们充满活力，疾病会使人丧失意志，但是人的力量仍来源于努力和实践，而不是先天注定的一切。脑瘫患者崔万志究竟拥有怎样的成功范式？

卖旗袍的崔万志并非满族亲贵的后人，更不是富二代、官二代，而是出身于安徽肥东的农民家庭的普通人，先天拥有的资源只有自己的思想。从出生起，父母给自己的全部身家仅仅是一个中国普通农民家庭的资产，还要面对自身的缺陷，无论是长相还是身体，都会让他的人生比别人艰难很多倍。对于出身，他是这样来看的："我生来与众不同，上帝因为爱我，所以咬了我一口……"至今他的嘴巴仍歪歪斜斜，讲话非常吃力。当他以优异的成绩考上高中时，校长看到这个学生，非常惊讶，几分钟后就做出让他卷铺盖离开的决定，理由是："你这样的学生，就算考上大学，也没有学校录取，反而占用了我们学校的一个名额。"农民父亲当着儿子的面，给校长跪下了，可惜无法挽回。就在这几分钟之内，他意识到自己"与众不同"背后的最残忍的真相：他不被外界接受！

这种痛苦并没有拖垮他的意志。所幸别的高中接受了他，但他仍非常担心不被大学录取，在填报志愿的时候特意选择偏远的新疆地区的大学，幸运的是，他被录取了。然而，读书没有像他想象的那样改变他的命运。毕业的时候去人才市场求职，没有招聘单位看他。有一家企业举办招聘会，200多人排队参加首轮现场面试，他站在最前面，却被面试主管无视："到一边去，别挡着后面的人！"

人常在头脑中设计出一条能顺利通向成功之路，可惜原以为读书能成为捷径，仍然会陷入困境。崔万志必须去寻找新的实现自身价值的大道。

在人生非常困难的时候，父亲的话成为播撒在他的内心的思想的种子："抱怨没有用，一切靠自己。"先天条件的不足，同样也是压迫一个人的外部力量，他想，无论上帝给他怎样的命运，他都要靠自己的行动达到理想的高度。他转变观念，放弃求职，从摆地摊开始创业。三个月之后，他用摆地摊的钱和向亲友筹的款开了一家租书店，两年之后，他向银行贷款四万元开网吧……在这个过程中，书店被烧过，网吧被关过一次又一次，所有的困境都让他变得更加强大并且不畏惧失败。经营网吧的生涯，让他领悟到互联网在现代社会构建新的社会组织的巨大潜力，他又决定去开网店。在现实世界里，人们会歧视他的残疾，会不接受他，但是在虚拟的互联网世界里，自身的缺陷根本就不是问题。他终于走上了创业的正轨，有了自己可以长期专注的事业。

但是早期开网店的风险不言而喻，由于电子商务兴起没多久，网店还存在着很大的信誉问题。崔万志的网店在第一年也经营不善，一下子亏空了二十多万元，把他之前开租书店、网吧等所有的积蓄都吞没，又回到零的起点。苦恼归苦恼，人生的航程难免有好有坏，路上遇到的一切都只是风景。有的人因为一时境况而自杀，是还没有等到最后，软弱让他变得消极躲避或随波逐流。还有的人整日陷入怀疑和恐惧的情绪中，痛苦不堪，寸步难行，迷失于当下。当你只看到眼前的困难时，思想就会摇摆不定，意志力变得软弱，而忘了生命自身的创造力终会带你走出暂时的困难。

人生不到生命最后关头，就谈不上绝望。那一粒思想的种子会绽放出无限的生命能量，帮助脑瘫患者崔万志走出黑暗的心境："抱怨没有用，一切靠自己。"电子商务是机遇与挑战并存的环境，对于他和别人都是一样的。卖不出货是因为顾客不认可；顾客不认可，一是因为商品的质量不高，二是因为没有品牌知名度。经商积累下来的商业经验没有跟着"亏掉"，他迅速分析出问题所在，又开始朝着建立自己的品牌的方向运营网店。他注册了蝶恋公司，针对女性对服装永不满足的热爱和需求，主打女性服饰。在中华圈，卖旗袍成了有一定独创性的选择，至少能在最短时间内增强品牌的辨识度。凭借着最初一个淘宝金冠的信誉和他不断寻找优质货源的努力，他的网店在几年之后就发展成淘宝最受女性用户喜爱的女装品牌店之一。靠品牌店的号召力和吸引力，在女装市场之外，他又开拓内衣、鞋包、家居、化妆品等相关产业，在网络上营建了属于他的一站式购物商城。然而，他的目标并不限于在商业上取得财富，还有更大的证明自身价值的理想与抱负："我们在路上，我们一步一步走得很坚定，我们都是有理想的人，我们希望有一天蝶恋集团会有自己的工业基地。"

嬴弱多病的崔万志选择了和"生命中的各种各样的遭遇"做朋友，通过不断的努力，最终把坏事变为好事，拥有令人羡慕的成就和财富。每个人都有这种生命力，能把自己生命中的遭遇变成自己的人生财富。只要坚定不移地相信生命力量的源泉是努力和实践，就能磨炼出坚强的意志，并有所收获。在这个过程中，外部环境的压力，能促使人更好地认识自我；志存高远就会不断塑造自己的人生，走向理想和幸福的彼岸。不要过早地因为存在压力就放弃了，因为道远路阻就放弃了！

在演讲中，崔万志这样评价自己："我走过的这些经历，遇到的这些挫折，原来是上天给我最好的安排。世界是一面镜子，反射着我们的内心，我们的内心是什么样子，这个世界就是什么样子。选择抱怨，我们的内心会充满痛苦、黑暗和绝望；选择感恩，我们的世界就会充满阳光、希望和爱。"正如他的信念——"抱怨没有用，一切靠自己"。想要拥有成功的人生，就要战胜怀疑和恐惧，让自己的内心充满希望，不断抓住机遇，克服无意识的软弱，唤起自己的努力，直到最终实现自己想要的目标。

世界并非宿命的。它有不同的组合形式，不同的时间、不同的地点、不同的机遇、不同的挑战，最重要的是组合的形式有好有坏、有顺有逆，拥有什么样的内心，就会从这样的内心长出什么样的故事。如果你选择在自己的内心播下希望，就会超越思想上的摇摆不定，坚持到最后，回首所有的事，点点滴滴串联起来的选择，都是你内心促使你达成目标的声音。我们要相信自己有无限的能量，大胆地去实践自己的目标，走出踟蹰不前的状态，坚持到底，所有的事到最后都是好事。

感恩生命的不完美

追求完美可能是人的一种本能。虽然明知不可能，但是所有人都希望自己越接近完美越好：有英俊或美丽的外表，风姿翩然，才能出众，做事一帆风顺，整个人生就像 PS 过一样美好。

可惜而又可幸的是，这世界原本就不完美。佛教把这个世界称为"娑婆世界"，即"堪忍世界"，也就是它原本就有许多痛苦、许多不完美需要被容忍。

其实，仔细想想，正是不完美成就了真正的完美。

不完美赋予了事物突出的个性。在人造美女盛行的今天，人们常常会充满调侃地说，如果不是标明了名字，很多时候真分不清照片上到底是谁。女明星们一水儿的粗眉、大眼、直鼻、红唇、V 脸，面容完美无缺，极符合现代人的审美观，却丧失了个性，难以一眼辨认出来。于是有许多人开始怀念八九十年代的女明星，尤其是港星。比如林青霞有一种大气而鲜明的中性美，可楚楚动人，又可盛气凌人；而张曼玉有一种纯女性的娇俏轻盈之美，带着天真，偶尔凄楚，她的五官细致小巧，单独拆开来看未必都是最美的，组合在一起却能令人过目难忘。林忆莲是单眼皮，邱淑贞有小虎牙，而这些正是她们区别于其他影星的鲜明特征。

对普通人来说也是一样。我们记住一个人，甚至爱上一个人，常常不是因为他那突出的优点，而是因为他不完美的一面。有朋友说，她真正爱上自己先生的那一刻，不是平时看起来睿智成熟的他在职场上挥洒自如地处理公务，而是某天他下班回家后疲惫地将头靠在她肩膀上，流露出孩子似的天真和老人似的萧索的那一刻。当他身上的不完美暴露出来的一刹那，似乎他真实的人性底色也随之显露出来。她于那时，才觉得自己懂得了这个人，自己的人生真的与他连接在一起，不能再分开了。

不完美让我们可以更好地观察、体会这世界，享受不同的人生。前几年有一本畅销书叫《失落的一角》，作者谢尔·希尔弗斯坦用非常简练的线条画出了一个不完美者寻找完美的故事。故事的主角是一个缺了一角的圆，为了让自己成为一个完美的圆，它唱着歌出发，去寻找自己失落的一角。因为缺一角，它滚动的速度很慢。在路上，它忍受了风吹日晒和雨淋，也享受着与虫子的对话、迎面扑来的花香，甚至会跟甲虫一起比赛跑步，而最令他陶醉的，就是蝴蝶停在它身上的时刻。

一路上，它遇见了各式各样的一角。有的太大，有的太小，有的太尖，有的太方。有一天，它终于遇见了最合适的那一角，变得完美无缺！它的生命终于圆满了，完美了！完美的圆开始继续向前滚动。因为完整，它滚动的速度越来越快，快得不能停下来和小虫说话，不能闻闻花香，不能让蝴蝶停在身上……甚至，连它的歌都因没有新的内容而停滞了。因为当它什么都不缺的时候，它连可以歌唱的东西都没有了！

最后，它从快速的滚动中停了下来，轻轻地把那一角放下，从容地走开，又开始用原来的速度，唱着歌，开始在这个世界上漫游。

其实，这就是生活，这也是人生。如果你得到了一切，那么你同时就失去了一切。不完美会带来渴求，于是也带来生命的流动。因为气流冷热不均才产生风，因为海水冷暖不同才产生洋流，因为陆地高低不平江河才可以流动。人类正因自知不完美，所以奋力追求完美，于是产生了各种充满活力的活动。当一切真的完美时，内部的运动就会停滞，生命也就消失了。

不完美不仅仅是生命的真相，更是我们必须感恩的一件事。它令我们有所追求，有所企盼，并有所着落。而我们只要足够努力，做到极致，对得起自己花费的时间，对得起真心对待自己的人，就有足够的资本笑着对生活说："不完美，怎么了？不完美，就是一种真正的完美。"

Part 4

人生不止苟且，
还有诗和远方

停在港湾的船是安全的，但这不是船存在的意义。

人生不止苟且，还有诗和远方

在马萨诸塞州康科德镇不远处的瓦尔登湖畔，亨利·梭罗正忙着钓鱼、采集草果，到处搜罗一天的食物。不远处的树林中，有一栋初见成型的木屋，建筑过程中的各个环节，包括选料、伐木、切割、堆装，他都亲力亲为，没有求助任何来自外界的援手。他很享受晨间的阳光和有些潮湿的空气。鸟叫虽然嘈杂，但不惹人心烦，一只蚱蜢跳上鞋面，被他轻轻捻起——不错的饵食。

彼时，在遥远的大清帝国，一位名叫洪秀全的穷教师写下了《原道救世歌》《原道醒世训》，悄悄点燃了即将到来的滔天战火的第一把柴薪；法国政府驱逐了一名叫作卡尔·马克思的 27 岁年轻人，逼其举家前往布鲁塞尔，反而推动了布鲁塞尔共产主义通讯委员会的建立；威廉·康拉德·伦琴出生了，他将为现代物理学和医学的重大发展奏响序曲。

然而这一切，都与那位在湖边垂钓的安静男子无关。他眼前一片烁烁的波光，水鸟掠过湖面上自己的倒影，空气里弥漫着青草的泥香，鱼儿非常狡猾，迟迟不来咬钩。但他没有懊恼，之前挖出的马铃薯和蘑菇已经足够炖一锅喷香美味的浓汤，若有一两条小鱼入瓮，自是锦上添花。阳光洒肩头，花芬沐远方，心无外物，天人合一。这般惬意，像国王一样逍遥自在。

想象这场景，卢笙脸上溢出温暖的微笑，窗外的阳光照过她长长的睫毛。面前的电脑屏幕上，有一张财务报表，固定资产、未达账项、应缴税费等会计条目像一堆足尾勾缠的虫子，几乎令她作呕。而她放不下手里那本《瓦尔登湖》。办公室隔断的角落里还有一本《××决定命运》和一本《优秀员工必备的七个素质》，书页有折痕，看得出都已被翻遍，书中夹了不少制作考究的书签，上面分别有书写娟秀的"情商""细节""视角"等简洁的注释，若将其翻开，还能看到页面空白处的笔记、随感。

她是一名普通的公司员工，毕业于不算名牌却也不算差劲的大学，心怀每个年轻人都向往的美好愿景，却同样深陷于求取无门的尴尬境地。她每天工作九个小时，挤地铁上下班，中间戴着耳机听听英语，听得更多的是碧昂斯、平克·弗洛伊德或蔡琴的歌，吃十五元钱一份的午餐，常在网上买两百元钱以内的打折衣服，身材苗条，但腰上略有赘肉，相貌清甜但仍能找出缺点。看见隔壁公司的英俊男士会心跳加速，但脸上平静如湖，不会让任何人察觉自己内心的起伏。工作上有三两个要好的伙伴，但做不到交心，并且怀疑其中某人在背地里说自己的坏话。

她像一张打印机旁的白纸、一颗碗里的米粒、一张贴在街角的海报，无论出现在哪里，都那么平凡却恰如其分。如果卢笙是滴水，必然也是最透明的那滴，无论落在哪里，都无法引起注意，也不会带来刺激，或许没有比做一个优雅的背景，更适合她了。

但卢茳依旧烦恼。她是别人的背景，烦恼则是她的背景，不是愤怒，不是恐惧，只是挥之不去的隐隐的焦虑和日复一日的细小不快。上司对她算不上好，也不能说坏，不会针对她，但任何好事也不会想到她。虽然她勤勤恳恳地工作着，心里也常常自娱自乐做些走上人生巅峰的白日梦，但现实中升职加薪的事情连想都没有想过。同学聚会时，有人升任经理，有人扩大生意，卢茳和几个当年亲密的友人坐在一起，听她们聊着婚姻、孩子，而自己连个男友还没有。有人探问一位年纪轻轻已经升任某机关副处级领导职务的同学："你是怎么拼上去的？"对方酒过三巡，不再矜持地自制，长笑一声："拼什么拼？蝇营狗苟呗。"

卢茳像是被什么击中了，早已使用熟练的笑容渐渐地僵硬起来。回家路上，没人送她，卢茳走着走着，坐在冰冷的马路牙子上抱头哭泣。

她做不到机敏圆滑，也做不到刚强精进。

她没办法更上一层楼，也没办法安于现状。

她不可能当女强人，也不可能当小女人。

她只是在世界的眼皮底下偷偷生活。

偷生者，苟且也。

她感觉自己是死的。

卢茳注视着眼前闪过的车流与行人，世界像是一堵坚不可摧的高墙，而自己被挡在整个世界的外面。这突如其来的荒诞感击碎了她对往日生活的所有解答，至少在这一刻，卢茳是崩溃的，无法生，也难以死。她告诉自己，酒精便是如此的一种东西，会让人变得奇怪，让宇宙变得陌生。她同时也知道，睡一觉过去，还会回到原先的轨道上，不会有冲动和变化。这一辈子，大概便是如此：找男人嫁掉，他不帅，离白马王子几百里远，对自己还算体贴，但也到不了贴心暖肺的地步，几年后肚子变大。自己生个孩子，体形走样，没日没夜地劳心劳力。休完产假后上班，脑子里时刻想着孩子饿了没有、烧退了没有。婆媳关系难处，见面互相尴尬上火。工作得过且过，运气不好会失业。

当你活到一定年龄，累计的经验多到对后来的经历出现了穷举的能力，譬如思考面临的所有可能性，找出最靠谱的那个，或是在原先的基础上增加了新的可能性，带来了更加靠谱的选项。

幸运的是，卢茛刚刚活到了这个可以穷举的时候，她不相信一个人生来就是没有希望的，她相信总会有条路属于自己。

不幸的是，卢茛思考了身处的境况，竟然发现绝望是毋庸置疑的，自己眼前根本没有路。

手指冰凉，触到皮包，里面那本《瓦尔登湖》还没读完，夹着书签。不同的是，这次卢茛没做任何笔记。

"但是，我每天目睹的一切则是更恐惧、更难以置信的。比起我邻居们的苦役，即使赫克利斯的 12 件苦役也是微不足道的……一本古书上说，人的命运，被一种神秘的，名叫'必然'的事物所支配着，人活着时积攒的财富，结局就是被虫咬、蚀锈，当然还有小偷的光顾。"

第二天，卢茛辞职了。

她用了一夜穷举法，终于找了一个新的可能性，同时也是令她激动颤抖半个夜晚的可能性。

如果一份工作让你觉得难以胜任，说明你根本不爱它。如果一个环境让你觉得难以冲破，说明你根本不适合它。没有一种命运是用来作践的，当你找到真正属于自己的爱与归宿时，不论它是爱情、事业还是别的什么东西，没有人或事能成为你实际的羁绊，到时候，哪怕是痛苦，都能令你笑出声来。

到今天，卢茎终于有了自己最热切地喜欢、想要全心投入的事，比财务分析喜欢一百倍。

你世界的广度，取决于你心灵的宽度

对于一个人而言，自身外表的美与丑不过是由脸部巴掌大的地方决定的，太多的人因为外貌陷入自卑、沮丧、骄傲、嫉妒等情绪中。这只是一个小事例，我们的心灵常常有各种各样的困扰，它就好像容器一样，储存的想法和心外的世界息息相关。

人很容易被环境影响，戴上各式各样的情绪枷锁，同时自身的心灵状态又决定了自己对世界的看法：佛看到的世界是佛的世界，魔看到的世界是魔的世界。你所看到的世界都取决于你的内心，就像人们通常说的"心有多大，世界就有多大"，它们像是镜子和镜子之外的世界的关系。

最后，我们会发现，所有的结果都是我们思想的产物。

美国有一位名叫塞尔玛的女士跟随丈夫从军，驻军的地方是沙漠，完全没有美国电影里的浪漫丛林和激情战火。身处异国他乡，周围是陌生的当地居民印第安人、墨西哥人，语言不通，还要动不动就体验

51℃的高温。更没想到，丈夫奉命远征，留下她一个人在沙漠，度日如年。她给父母写信，巴不得立刻回家去。等到回复的信件后，她迫不及待地拆开一看，却没有看到父母心疼她，要她回去的意思，只有短短两三句话：

"两个人从监狱的铁窗往外看，一个看到的是地上的泥土，一个看到的是天上的星星。"

这是什么意思？难道父母觉得她的生活像是在监狱的铁窗里看外面的世界？难道每个人的生活都是这样吗？从心灵的监狱看外面的世界……人所见甚窄，而心更盲。

她渐渐领悟到，当人拓宽心灵看世界，既能看到地上的泥土，也能看到天上的星星，有的人却只看到地上的泥土，自我禁锢在眼光所及的一小块地方，有的人更愿意把时间放在欣赏美丽、辽阔无涯的星空，心灵变得澄澈，升华到探索未知世界的境界。为什么她要把自己禁锢在狭隘的自我意识里，而不是去探索未知的历程和广阔的世界？

人的思想、精神和欲望构成了人的世界。想法变了，她和过去也不一样了。她主动地去接触印第安人、墨西哥人，被他们的好客精神所感染，逐渐地和他们成为朋友；对沙漠里的仙人掌的研究，让她欣赏到这种植物的生存姿态并非单一，而是丰富多变的；对周围晨夕变幻无穷的光线的观赏，让她看到了沙漠令人沉醉的美丽、海市蜃楼的幻境。这里曾经像她的心灵的监狱，现在却成了她乐于享受的广阔的天地。所有感觉都发生了变化，不再是那样孤寂烦闷、死气沉沉、备受煎熬，而是充满了探索外界的乐趣。

谁说精神反映世界是一成不变的？当思维方式变化了，看到的世界就会发生变化，世界就是我们的心灵穿上的外衣，你所看到的世界的广度，取决于你心灵的宽度。

当然，对世界的看法，还和我们自身的认知能力有紧密的关系。一位科学家去乡间调查，在农场里的水池旁边蹲下来，拿出一个小瓶子，去装池子里的水。水池附近站着的小男孩感到不解："你为什么需要这个池子里的水呢？这水可不能喝下去！"

"如果我用显微镜去看这些水，就会发现这个池子里包含着 100 个，不，100 万个世界……"科学家笑了一笑，他的目的是要调查水质。

"是吗？我只能看到水里有很多蝌蚪，我能轻易抓到它们呢。"男孩果然走到水池边上用手捞池子里的水。

看见水里的"蝌蚪"或"100 万个世界"，依靠一个人的知识、经验和使用工具的能力，自然科学家的知识和小男孩的知识显然不是相同容量的，他们看到的世界的广度就有显著的不同。

假如"池子里的水"换成"别人"，我们是怎样看待别人或世界的，就和我们自己是什么样的人密切相关。小人总是在伟人身上找毛病，而伟人却能在形形色色的普通人身上看到世界的进程和发展规律，所以他们的成就不等，在历史上的地位也不可相提并论。泼妇经常会觉得别人的素质差，动不动就破口大骂，种种侮辱他人的言语只能彰显自己没礼貌。多愁善感的少女除了爱情，别的都不在乎，所以一旦失恋，整个人就无精打采，再也没有活下去的动力，重复安娜·卡列尼娜的结局；可是她所在乎的男人，在意的却是整个世界，不会因为爱情缺了一角，就停止做猎手，追寻新的生活。言情小说里反反复复的男负心女痴情，很大程度上源于男人和女人的心灵的宽度不一样，对世界的设想也不一样。

悲剧的命运多少和狭隘的世界观有关，你眼里的世界若窄到只能放下你的欲望，一旦欲望实现不了，你就会痛苦不堪。

心越宽，看到的世界越会足够广阔、多层次、多种可能性，越不容易被环境影响。当你为自己长得美或丑，感到高兴或哀愁，害怕自己变丑、变老、变胖时，你没有正确理解到心的用处；当你知道你在外貌之外还有很多优点，你怎么会因为容貌不美，就会没有活力，成天地自卑、失望、哀声叹气？当你相信世界上的资源都是可以争取得到的，你怎么会因为家境不优越、身世不光鲜，就把不成功怪罪到父母头上？

相貌也是我们思想的产物。相由心生，当你的内心充满痛苦，面貌确实会变得更难看，运气也会变差，反之，会出现不同的情形。例如在 1990 年春节联欢晚会上，颜值欠佳的笑星凌峰一上台就拿自己的外貌开玩笑，他调皮地问观众："你们看，我的脸是不是长得很'中国'？"大家明知道是逗乐，却很欣赏他的自信和放松。随后，他又更加自信地说："有人说我们中华民族五千年的沧桑好像都写在我这张脸上了。……实话告诉大家，我到全国各地去，男士们特别欢迎我，兴高采烈；但女士们却觉得忍无可忍，难以接受。根据科学家的研究，丑的人分两种，一种是越看越难看，但还有一种是越看越好看。而我呢，就属于这后一种。"

一个人从自己的经历中感受到的是不幸还是快乐，取决于心灵的宽度。连"丑"都能分出很多层次——把自己分在"耐看"那一组，看上去很"中国"，能让同性"兴高采烈"，这不仅仅是幽默，还包含了乐观、活泼、善意和自我欣赏的积极心理因素，这就是心灵的智慧。人家看到他那张脸，无形中也会感到"越看越耐看，越看越好看"，因为他令人们感到欢乐！

　　我们时刻都在用自己的思想看待外在的世界，当你的内心有一种卑污感时，就会有种种负面的、嫉妒的、不通达的想法，常常与别人不和，产生伤害别人的想法。而心灵豁达时，自然对外界的一切都充满通透的感悟，常常活在乐观和满足的和谐里。你的世界便是你的心灵的另一种形式的再现。不要不信，反思你生命中的一切因果链条，你就会承认心灵和世界确实是镜子和镜子反映的世界的关系。

不抱怨，不推诿，更高效

积极心理学之父马丁·塞利格曼教授发明了一套训练人正面思考的"ABCDE 理论"。大多数普通人在社会压力之下，倾向于负面思考，有了这套理论，就会增强自我认知能力，改善个人思维习惯，优化自己的思维系统。

所谓"ABCDE 理论"来源于心理学上的"情绪 ABC 理论"，后者通常是指事件（Activating event）产生后，很快对这个事件进行解释（Belief），从而产生某种情绪，又导致了结果（Consequence）。比方说，给一个人安排了更多的工作却不加薪，他如果喋喋不休地抱怨的话，心里就会很厌烦他的上司，内心会说："凭什么不给我加薪，却要让我做更多的事……"行为上倾向于不断找借口推卸责任，由于对工作的热情和忠诚度降低，效率也会变低。这种"事件—认知—情绪—行为—结果"的心理模式，长期存在于人的命运的因果链条中：

A：　你遇到了什么样的事情？

B：你拥有什么样的信念就会对 A 发生什么样的情绪反应，这个信念和你的自我认知有关。

C：你产生什么样的情绪反应就会导致什么样的结果，这个结果是 A 间接造成的。

所以，情绪 ABC 理论，常常能解释我们的世界里为什么会发生一连串这样或那样的事情。你以为世界是不可知的，总会莫名其妙地让你做出古怪的判断和反应，其实并不是"莫名其妙"，它和你内心奉行的信念是有关系的。你的思维方式，就是你命运的导航仪！

有个窍门能知道你的思维方式是怎样的：听一下你平时内心在自言自语些什么。比如："那个人真讨厌！""气死我了！""又不想去上班了！""男朋友是不是和别人暧昧？""明明是他的错嘛！""遇到了一个变态……"大多数人会发现，自己的内心一直滔滔不绝地抱怨，抱怨这抱怨那，没完没了。所以，很多人活得并不开心，效率也不是特别高，日益成为庸碌的人。成功人士并不是不抱怨，而是发现自己正在抱怨之后，很快纠正自己的思维模式，朝着积极的方向思考，阻止自己在无意义的琐碎的负面情绪中浪费时间。

"ABCDE 理论"就是训练人从负面思考转向正面思考的具体方法，它包含以下五个自我分析的阶段：

A：遇到了不愉快、不顺利的事情，习惯性地感到无助，觉得自己能力欠缺，难以成功，于是开始自我怀疑，怀疑自己的智商、情商、逆商等，认为自己做不到，也做不了，应该由别人来做，不能总是给自己添麻烦。内心抱怨不断，负面情绪会不知不觉地蔓延。

B：当你产生了负面思考，认为自己无法改变现状，心情就会糟糕透顶，行动会变得迟缓起来，或者和他人发生强烈的冲突，倾向于认为对方应该负更多的责任，而自己这一方是受害者，不停地推卸责任，抱怨别人。

C：一旦接着出现更不好的状况，自己内心的负面暗示又会起作用，认为都怪他人给你制造麻烦，比如"不想做""不想去完成""无论遇见什么事情，都会有不好的结果""自己真的很倒霉""不想去解决"，情绪变得非常糟糕，没有积极的动力去解决事情。

D：想要提高改变现状的行动力，就要建立起积极的信念，对自己进行积极的暗示，能多角度思考，用积极情绪替代消极情绪，专注于解决问题，不让问题无限制地拖延下去。

E：当你摆正自己的定位，清楚你的目标，摆脱消极的信念，不断给自己正面的激励，就能巩固和强化自己的正面思考，去掉负面想法和思想包袱，让自己产生积极的情绪。

反复练习就能将负面思考转化为正面思考，变得更容易原谅自己和他人的错误，重新出发，对他人或外界释放出更多的善意，随后自然会出现相对更好的结果。

19 世纪的哲学家叔本华早就鲜明地总结出人的思考方式："事物的本身并不影响人，人们只受对事物看法的影响。"所以，转变自己的思维，重点在于改变对事物的看法。当你从负面的角度看待事情，心里那个自言自语的声音大部分都是抱怨；当你从正面的角度看待事情时，就会专注于积极的行动，做有价值的事。

想要更加高效地完成事情，就要从对这件事情的正面解释开始。比如有一件事情必须在截止日前完成，负面、消极的人心里会想："肯定完成不了，到时候可不要怪我，我能做到这种程度就不错了……"正面、积极的人心里会想："一定要在截止日期到来前完成，采用各种办法，调配好各种人力和资源，力争整合一切力量，完成目标。"
这两种人都有可能完成目标，也都有可能无法完成目标。那么，老板
会倾向于要哪一种人？京东商城 CEO 刘强东在开会时，给下属定了
年增长率百分之二百的销售任务，其中一个参会者接着分析出肯定
无法完成的各种理由。刘强东强势地回复他说："我要的是能通过分
析各种因素完成任务的人，而不是那种只懂得分析无法完成的因素的
人。"结果，在下一次会议中，那个认为无法完成的员工再也没出现。

对事件的乐观解释和悲观解释，取决于我们心里会给自己怎样的
暗示。美国总统里根最喜欢讲的事例是，一个父亲有一对性格截然相
反的儿子，一个过分乐观，一个过分悲观，他想让两个儿子的情绪状
态都变得正常一点。他把悲观的儿子送到到处堆着玩具的房间，以为
儿子会变得乐观，没想到儿子仍然会哭，他问悲观的儿子担心什么，
儿子回答说："我怕有人偷走玩具。"他把乐观的儿子送到一间到处
是马粪的房间，以为乐观的儿子不会再情绪高涨，没想到儿子仍非常
兴奋，他问乐观的儿子高兴什么，儿子回答说："我看到了马粪，这
里一定有一匹小马。"

说到底，性格决定了人长期的心理模式。乐观的人，会习惯性地
给自己积极的暗示；悲观的人，会习惯性地给自己消极的暗示。要想改
变自己一生因果环环相扣的命运，就要从改造自己的性格入手，才能真
正从根本上转变自己的心态。性格不改变，治标不治本。

我们都应该运用"ABCDE 理论"，拥有正面的心态，遇急事不抱怨，
遇难事不推诿，整合一切可以完成任务的因素，努力去高效地达成目
标。每个人都拥有惊人的能量，只有在有效整合、积极行动的信念支
配之下，才能有爆发力！

能包容他人的不足，是一种强大

在美国的一家菜市场，有一位中国妇人开设的店铺生意很好，遭到了周围店主的嫉妒。有人故意把垃圾袋放在她的店铺前，制造晦气，想要影响她的生意，破坏她的好运气。每次看到门口的垃圾袋，中国妇人都一声不吭地清理掉，隔壁卖菜的美国人不解地问："你为什么不生气呢？"中国妇人微笑地回答："在我们国家的文化里，吃亏是福。有人想要让我吃亏，就是把福送给我，你看我的生意不是越来越红火吗？"她的话传出去之后，再也没有人往她的门口扔垃圾袋。

真实的生活就是要和各种各样的利己主义者打交道，每一个利己主义者都有不同的缺陷，可能让我们感到不舒服，大致会经历三种失败的感受：

第一，互爱中受挫。原以为我们会被人接纳和喜欢，但是这太难了。人们通常更爱自己，和他人之间的友好来往也讲究以互惠为原则，一旦不能互惠，受到损失的一方就会扩大内心的阴影面积，产生负面情绪，不再感到自己有多么喜欢对方了，从而撕开温情脉脉的假象，越来越挑剔对方身上的缺点。

第二，相处中受挫。人的性格千差万别，有人骄傲自满，有人规矩本分，还有人总是爱给人找麻烦，每一个人接触起来，都意味着一连串的问题，这是你和他的不同造成的。有些问题最初不明显，还可以忍一忍，日积月累，不舒服的感觉越强烈，就会越来越无法容忍，甚至产生厌恶的情绪。

第三，谅解中受挫。相处出现了问题，往往会发生冷战或破口大骂，很少真正地去理解对方。想要原谅别人，如果做不到真正的包容，就会形成有负面影响的心结。之所以不能包容别人，是因为对他怀有期待，一旦他不能满足你的期待，你就会感到很失望，而失望和包容他人是两种相矛盾的情绪，很难协调，总是会形成内在冲突。人一旦被失望的情绪支配，就不愿意包容他人。

人们基于利己原则活在世界上，很多时候不包容是因为自私，并非他人真的像自己想象得那么差。生活中给自己制造麻烦的人，并不是白痴，而通常是我们的爱人、父母、兄弟姐妹、亲友、同事、老板等，还有我们自己。他们的层次并不一定在我们之下，但是和我们同处在一个充满矛盾的世界，甚至与我们的关系越亲近，矛盾就越多。我们每天都会遇到给自己制造麻烦的人和事情，"生气"是没完没了的，你是想像那个在美国的中国妇女那样微笑地面对垃圾袋，还是想要变成"气囊"？

希腊神话中的大力神海格力斯，有一天在路上遇到一个鼓鼓的袋子，他忍不住踩了那个气囊一脚，但是袋子不仅没有泄气，反而膨胀得更大了，好像故意和他对着干。海格力斯也被激怒了，用粗木棍狠狠地打那个气囊。结果，袋子变得越来越大，把他的路都堵死了。海格力斯感到很困惑，不知道它为什么一定要和自己作对。直到一位圣者过来告诉他："朋友，别再和它闹脾气了！不要理它！它叫仇恨袋，你不招惹它，它就像你第一眼看到的样子的大小，你越是惹它、侵犯它，它就会越膨胀，变成你的敌人，挡住你的路。"海格力斯不再挑衅它，离开了它，它就再也没办法激怒他了。

想要和仇恨袋比强大，是不可能的。你越是惹它，它越膨胀。它是存在于每个人身上的仇恨的情绪，开始时它还很小，一旦你招惹它、侵犯它，它就会不断涨大。一是反弹力，二是不甘心，三是报复情绪，都会让仇恨袋越变越大。这就是海格力斯效应，是一种类似于"你跟我过不去，我也让你不痛快"的冤冤相报的心理，这告诉我们包容比挑衅好。古人说息事宁人，并非妥协，正是基于对人性的理解。

这样的仇恨袋处处可见。每个人的心里都有一个仇恨袋。一旦你遇到坎坷，你内心的仇恨袋就会不知不觉地膨胀起来，蒙蔽你的智慧。这种不宽容的情绪会带给你更多的痛苦，会让你在对抗和复仇的路上越陷越深，会把小矛盾变成大矛盾，把小伤害变成大仇恨，滚雪球一样给你自己不断制造出假想敌，也让你越来越痛苦。你还想和你自己内心的情绪袋做无用的斗争吗？

包容他人的不足，既是宽容的精神，也能塑造一种让人镇定的精神力量，用平和的眼光审视客观世界的事情，要知道自己和他人都会有狭隘的地方。只有这样，才会持续获得心理上的平衡，不会轻易动怒，不会鲁莽挑衅，变得淡定和从容，遇到任何事情都泰然自若。古语说"有容乃大"，就是看到容忍力才是最高尚的力量，想要比别人更强大，就要比别人更镇定。

宗教中最有影响力的圣者释迦牟尼和耶稣都具有很强的容忍力。

释迦牟尼在菩提树下修行时，妖魔激怒他、诱惑他，他只要冒出贪、嗔、痴的任何一种念头，修行就失败了，也就不能得到关于宇宙的最根本的智慧。但是，他在修行沉思的过程中，心胸变得更加宽广，能容纳下各式各样的妖魔鬼怪，心里不再有恨、私欲和谴责，最终在平静的内心世界中领悟得道。耶稣被钉在十字架上，仍能宽容仇恨他的敌人，正是这种能包容一切的精神传播开来，从而使他受到永恒的尊重。

　　包容是基于不与人争的美德产生的。清朝有一位叫张英的宰相和一位姓吴的侍郎毗邻而居，两家都要起房造屋，为争地皮吵得不可开交。宰相的母亲就写信给张英，让他出面干预。张宰相写了一首诗回复母亲："一纸书来只为墙，让他三尺又何妨？长城万里今犹在，不见当年秦始皇。"老母亲看了信，也很通情达理，就把新扩建房子的墙退让了三尺。吴家看到后，意识到不与人争才是风范，也主动退让了三尺，两家院墙之间形成了六尺宽的巷陌，更便利于人来人往，给两家人和周围的人的生活都增添了很大的便利，并且成为邻里和睦相处的典范。宰相张英的肚子里何止能撑船，还撑出了六尺巷的空间和一世美名，这就是真正的强大！表面上，这是宽容的精神，真正的答案是爱，包容就是对他人的爱，只要你爱别人，让他们感受到你的爱，就会同样以爱来回报你。爱是解决一切问题的答案。

　　憎恶给我们制造麻烦的人永远不能给我们力量。面对障碍，可以从敬重这个障碍开始，不要再采取具有攻击性的立场。先变得平静，把他人的不足看成世界的一部分，然后像融入自然世界那样，平淡、镇定地解决问题。退一步，海阔天空，才不会戴上焦虑、愤怒、纠结的情绪枷锁，只有内心自由的时候，才会感到整个世界都是你的！

比发现缺点更难的，是发现优点

有一只忠诚的看门狗每次见到你就狂吠，你会有什么反应？

"别叫！"这是大多数人的反应。

"别叫！疯狗！"这是脾气很大的人的反应。

"你好，我们认识的啊！"这是脾气很好的人的反应。

但是，狗仍然叫个不停，根本不理会你。脾气再好的人，都会觉得厌烦。"这是一只难缠的狗"，人们会这样评价它。只有懂得欣赏的人，才会佩服主人养了一条好狗："它真的很忠诚，简直就是你家里不可缺少的守护者！"

你以为成功的人们都像他们在事业上取得成就后的口碑一样好，其实并不是这样，他们可能是多面性格的人。从一段对苹果公司的CEO乔布斯的评价中就可以看出来："他有一个永远无法摆脱的敌人——他自己。在有天赋、能言善辩、敏锐的'天使'乔布斯里面，还有一个冷酷、孤僻、暴躁、傲慢、一意孤行的'恶魔'乔布斯。你没法只保留其中那个好的他，能做的只是让坏的那个不要永远失控。"
这还是你在苹果公司的产品发布会上"认识"的乔布斯吗？

　　成功的人在很多时候看上去像是和整个世界作对的人，正是打破
了常规才能破茧成蝶，取得非凡的成就。所以，在成功的人收获成功
之前，人们很容易就能发现他的缺点，却不一定真的能发现他的优点。
发现优点是更难的事情！

　　假如发现优点很容易，就不会有伯乐和千里马的故事。马群中不
平凡的千里马，需要善于发现它的特殊天赋的人。一匹马有惊人的耐力
尚且不容易被看出来，更何况人群中的天才。许海峰在市射击队时，有
一次跟队去省里参加选拔比赛。在比赛中，他的打靶成绩很差，子弹大
多都打偏了。省队的主教练看到他糟糕的成绩后，却惊讶于他极好的稳
定性，能把子弹都打到同一个方向：靶心的右上方。许海峰很快就进入
省队和国家队，最后在奥运会上拿到冠军，为中国奥运代表团实现了奥
运金牌零的突破。可惜在现实社会，有太多这样的千里马，被人发现缺
点后就被全盘否定，错失了一次又一次证明自身价值的机会。

　　很多优秀的人，在生活中就像个白痴，而每个人身上或多或少都有
一点白痴的特性。比如对自己不了解的事物很无知，对外界抱有幼稚的
期待，举手投足不是那么令人满意，让接触他的人恨不得骂："白痴！"

　　每个人都带着与生俱来的不完美，都有上进心，眼前的状况不好，
未必一无是处，也许找到问题并解决之后，会越变越好。抓住机遇就
会一飞冲天。哈佛大学的辍学生乔布斯在离开大学几年之后，年仅 25
岁就一夜之间成了百万富翁，实现了个人的"美国梦"。但是，在他
辍学的时候，有多少哈佛大学的仰慕者恨不得骂他："白痴！"

　　当你在白痴阶段时，能发现你的优点的人就是你的伯乐。他能看

到"那个好的你"，注意到你身上具有的潜在能力，而且他可以从你的缺点看到相反的价值。比如你是个花很多时间在工作上面却没有成功的人，他能看到你对自己的事业有极大的耐性；你是个不断出错但纠正之后就能上一个台阶的人，他能看到你有很强的领悟能力；你是个不断苛责别人以达到完美的人，他能看到你有追求极致的品质……而这些都是人成功的必不可少的基本条件。

认知能力不够强的人，常常能看到的只是别人的缺点，因为他的感受力只局限在他的舒适范围内，一旦感觉到别人让他不舒服，就轻而易举地在别人的身上找到"缺点"；而别人的"优点"，他视而不见，对于别人的评价就不够客观，容易以偏概全。

每一个人身上既存在好的特性，又存在坏的特性。完全坏透了的东西早就被淘汰了、腐烂了、死亡了。存在的东西就有合理的原因，它自身就是一个复杂的体系，内在不断生成新的东西，经历新陈代谢。只要能发现自己身上存在的优点，并不断扩散它的作用力和影响力，任何人都有可能成功。

比起等待别人欣赏你的优点，你能看到自己的优点更为重要。一个人在经历快速的世事变迁的过程中，常常会很迷茫，跌入逆境时会遭受到莫大否定，在走入顺境后又会变得狂妄和骄傲，或者感到和环境格格不入。每个人都和乔布斯一样"有一个永远无法摆脱的敌人"，就是自己，你真正的障碍只有你自己。当你能看到自己的优点时，就会受自己积极的光辉的一面的指引，从白痴变成超级英雄，就像很多电影演绎的主题那样。人都是因为发现自己的优点才成为自己命运的主人。

人们通常都认为考上名牌大学就离成功不远了。但是，真正决定成功与否的是人本身具备的素质，也就是你的优点和缺点的综合。日本"经营之圣"稻盛和夫总结了下面这个人生方程式：

"人生的成就或工作结果 = 思维方式 × 热情 × 能力。"

很显然，排在前面的思维方式是成功的最重要因素，当一个人不断发现自己的缺点和优点，并经历了反省之后，会有意识地提升自己的人格，把缺点转化为优点，拥有更多的优秀品质。这是最重要的思维方式。

稻盛和夫在创业的早期时去拜访一位大银行的总裁，谈到自己很仰慕日本品牌松下电器的创始人松下幸之助。这位总裁认识松下幸之助，就评价他说："松下幸之助年轻时特别任性，胡闹得厉害，哪像你这么少年老成。"稻盛和夫却认为，人在年轻的时候难免有很多缺点，成功与否的关键是能否在实践中不断提升自己的人格品质。银行总裁对此却毫不关心，于是稻盛和夫取消了和他的合作。后来，稻盛和夫见到了松下幸之助本人，感受到他的高尚人格，确认了自己的看法是正确的。成功的人在还没有取得成就的时候一定有他不易被发现的优点，要在实践中接受磨炼，不断改正他的缺点。只有自我意识不断完善，提升了人格，最后才能取得辉煌的成就。如果疏忽了人格，即使取得了成绩，在接下来的若干年，也会发生滑铁卢事件，又跌到谷底。

稻盛和夫正是由于自己相信正面思维，才能发现成功者的共性和成功的规律。而有些职位较高的人，不能真正地欣赏到他人的优点，就只能是在某些方面出色的管理者，未必是卓越的伯乐、善纳贤才的优秀领导者。看看镜子中的你，问问你自己：

"我的优点是什么？我的缺点是什么？"

如果你能够回答上来，并运用稻盛和夫的"人生方程式"，就基本上知道自己可以取得的成就的高度。人是优点与缺点的结合体，但是最终的成就是通过优点获得的。

学会放下，才能赢得更广大的世界

身边有一位朋友，妻娇家富，事业平顺，双亲均在大型国企就任高职，自己开了家小公司，收入颇丰。按理已经过的是羡煞旁人的生活，但他却有百忧难解，在家里好好先生装够了，出门与我们聚会时，便止不住地长吁短叹、愁眉紧锁。我问他心有何苦。他答道："老想起'那个谁'。就算是结婚生娃了，还是放不下她。真不是矫情，人有时候就是这样，当局者迷乱，当时难做出选择，当你走过去了，才知道谁是自己心里最重要的人。"

所谓"那个谁"是他的初恋女友，虽然相貌不甚出众，但学历高，头脑机敏，尤其拥有一种颇为恬静典雅的气质。只是因出国深造，不得已与其暂别，相约回来就结婚。但朋友的父母着急了，押着他在"花间"兜转，安排相亲。选择太多，人便做不出选择，这位朋友就像布里丹的驴子，面对几堆一模一样的草垛不知选哪边下口。最终还是父母做主，为他选了一个文静内向的女孩为妻，他也稀里糊涂地办完了人生大事。一年多过去了，心里却渐渐骚动起来。

身边一众"狐朋狗友"皆做颦眉理解状，举杯劝慰。我呷下一口酒，心里突然想起一则有趣的小故事。

某个老地主向来以吝啬闻名，临死之前迟迟不肯咽气，家人围立周围，眼看着他要油尽灯枯又坚持着苟延残喘，呼哧呼哧地喘不了几口气，身体颤抖着又拼出几分回光反照的力气来。儿子不忍父亲这么吊着气痛苦，探问道："爹啊，你是不是有什么心愿未了啊？"

"前年跟你丈人喝酒，我没吃到盘里最后一块肉，这心里放不下啊。"

"爹，你当时怎么不赶紧拿筷子夹啊？"

"筷子上夹着一块呢。"

"那赶紧往嘴里送啊。"

"嘴里还咬着一块呢。"

"那怎么不咽下去啊？"

"喉咙里还有块肉顶着呢。"

无论时光怎么流转，历史如何前进，人性的弱点仍是别无二致，譬如贪心，譬如偏执。我不想在此赘述这位朋友的选择困难症，也懒得理会他不敢担当的软弱，这些性格里的缺陷人所共通。他面临的最大问题是走不过去，或者说是放不下。

他的生命搁浅在自己空想出的浅滩上，日日消沉，无法前行。

人生的苦，从根本上来讲，不是因为匮乏，而是因为背负，因为贪婪的本性。我们的文化基因里已经深深地被植入了"多比少好"的概念，于是社会上的人们便粗浅地将丰裕富足等同于元素的堆砌，将情色、欢爱、物质、执念、牵挂，一层层、一块块地挂在身上。时间久了，人就不再是单纯的生命，反而变成一座座构造复杂、戒备森严的城堡，压在在孱弱的生命之上。

苏轼与客泛舟于赤壁，客人吹着音律愁苦的洞箫，道："哀吾生之须臾，羡长江之无穷。挟飞仙以遨游，抱明月而长终。知不可乎骤得，托遗响于悲风。"这段漂亮的骈体文说出了人生渴求的最高境界，哀叹生命的短暂，羡慕长江之水的无穷，希望与仙人一同遨游，与明月一起长存。而苏轼先生则大笑回曰："天地之间，物各有主。苟非吾之所有，虽一毫而莫取。惟江上之清风，与山间之明月，耳得之而为声，目遇之而成色。取之无尽，用之不竭。"

这等潇洒令人折服。看透世间万象的变与不变，将圆缺、断续悉数抛下，只专注于耳边清风、眼前明月，活在当下，不念得失。反比锱铢必较、耿耿于怀的人生更加圆满充实。

风靡世界的社交平台 Facebook（脸书）的创始人马克·扎克伯格，被人冠以"第二盖茨"的美誉，是全球史上最年轻的自主创业的亿万富豪。即使是这样富有，他也始终能够保持简朴、简洁的生活方式。在公司没有自己的办公室，坐在一间隔断与同事们一起办公；他的妻子普莉希拉·陈没有火辣的身材，没有娇艳的美貌，但二人相濡以沫、相扶相持多年；他开一辆平价本田飞度家用轿车，女儿出生后，更是将自己持有的 Facebook 的 99% 的股份捐赠给慈善机构。

他拥有大智慧，知道做减法。专注于生命最高峰的体验，不用身外之物堆砌自己的城堡，不用活得谨小慎微、诚惶诚恐、日思夜想、防内防外。

他能放下，干脆利落地放下。永远轻装上阵，永远状态最佳，永远将生命推向品质更高的峰顶。

无论是苏轼还是扎克伯格，都明白，背负太多欲望和偏执就将永留在原地。潇洒地放下，生命的璀璨不会因此而消减一星半点。

放下很难，但放下后很轻松。活在红尘万象、物欲泥沼中的现代人要如何放下？有一则佛家得故事说得很清楚。

会元和尚师徒二人赶路，在河边遇一女子无船过不了河。老和尚二话不说，背上女子蹚河过去。随后师徒二人继续赶路，走着走着小和尚终于忍不住发问："出家人禁绝女色，严男女之大防，为何师父毫不避讳地与那女子肌肤相接，身亲肉近，难道不违佛法吗？"会元和尚摇摇头云："我早已将那女子放下，你怎么此刻心里还背着她？"

道理很浅，禅机却很深。"放下"一事，知易行难。老和尚慈悲为怀，有多年修为且年事已高，面对美娇娘自能坐怀不乱。我很好奇的是，那个小和尚在这一路上的想法是如何纠结与急切的。年轻人对肉体的欲望同古板的佛学教条在心里展开一场激烈的交战，一边是自弃、自责、自恨的自我鞭笞，一边是渴慕、渴求、渴望的渴欲催升。这场修行，怕是太残酷了些。

我那位朋友面临的是一样的艰难境地。聊得深了，能清醒地意识到自己可笑，欲壑难填，但又无法控制日日夜夜的思慕之苦。大脑就像一辆刹车失控的轿车，歪歪扭扭地冲着自己也不知道的方向一头撞过去。

难道就是死路一条？因为年轻和多情，我们就要艰难地背负这放不下之苦吗？

认知心理学主要研究人类意识的"生产"过程，研究我们的注意力、直接知觉、记忆、思维和语言是如何建构起来的。认知心理学认为，我们的大脑就像一座工厂，其中的每一个想法都不是突兀的、孤立的，而是被生产出来的产品。你现在所想的并非自然所有，而是在思维模式、认识模式、知觉模式这几条"生产线"上组装出来的产物。

在此基础之上，认知心理学派提出了一个非常重要的概念：自动思维。

久而久之，当各种心理模式成为思维的套路后就变得"自动"起来。我们随时随地产生的各种想法，并非石头里凭空蹦出的孙猴子，而是"不假思索""不予质疑"的自动念头，我们以为自己是自由、无牵挂的，其实受制于各种"自动思维"。

一个习惯了悲观、抑郁的人，大脑会自动将所有外来信息加工成攻击性信号，形成被害妄想，并根据差异化的人格自动产生畏缩、恐惧的心理或极端的攻击行为。认知学派的心理医生在进行咨询时，会发觉咨询者的"自动思维"，并给出第一个建议：打断它！

是的，第一步就是这么简单，当断则断。念头一旦产生，就会立即进入"自动思维生产线"，被一步步加工成各种纠结、压抑、痛苦的念头。那么在这第一步出现的时候就要决绝地扔掉它，打断这个过程，不让它进入那座大脑的"车间"。

如果还是有人要问："到底该怎么打断？"

恐怕也只能回答："打断就是打断，结束就是结束。你的车子开进死胡同，就倒车出来好了，难道还要问怎么倒车不成？如果连倒车都不会，那你又是怎么开进死胡同的？"

这与佛家禅宗的顿悟之道很像，必要时"当头棒喝"，让你尝尝"注意力转移大法"的味道，当肉体的疼痛凌驾于心灵的苦闷之上时，你会顿悟："原来只要停止这一刻的贪念与偏执，世界竟然如此美好。"

如何向上？唯有放下。

事情越难办，笑得越大声

在一个阳光明媚的日子，一群年轻人结伴去平静的深潭边钓鱼，享受鱼儿上钩的乐趣，但是多半钓起来的是一些很小的鲫鱼和鲦鱼，很少有大鱼上钩。当他们高高兴兴地在深潭边钓鱼时，看见有一个渔夫在深潭上方水流湍急的河段捕鱼。他们感到很惊讶，怎么会有人选择到水流急、浪花多的地方钓鱼呢？难道他是想要挑战自己捕鱼的技能吗？一个年轻人忍不住去问渔夫："鱼会停留在水流很急的地方吗？"

"当然不会。"渔夫笑答。

"那您怎么能在这里捕到鱼呢？"年轻人又问。

渔夫没有直接回答，只是打开了他的鱼篓，里面的鱼非常肥大，银光闪亮，活蹦乱跳。这让年轻人很羡慕，因为在深潭里钓的鱼比这些小多了，而且没什么活力。年轻人赶紧问："在水流急的地方捕鱼本来就很难，您怎么还能捕到这么大的鱼？"

"潭水很平静，适合那些经不起大风大浪的小鱼，小鱼只需要微薄的氧气就足够呼吸了，但是那些大鱼不行，它们需要更多的氧气，所以会拼命游到风浪大的地方。风大浪大，水里的氧气就越多，大鱼也就越多。"渔夫大笑道，"很多人以为大风大浪的地方不适合鱼生存，所以他们总是到风平浪静的地方钓鱼。但是他们想错了，表面上大风大浪对于鱼儿们来说是苦难，但这大风大浪也是鱼儿们的天然供氧器呢！"

年轻人很惭愧，他们满足于钓小鱼，却不反思为什么总是捕不到大鱼。而渔夫面对困难的事情，反而笑得大声，因为他凭经验就知道怎样能捕到大鱼……鱼儿不同的选择，如同人生中不同的历练。难怪那些人生跌宕起伏的人大都取得了不凡的成就，而一生只在风平浪静的环境中打拼的人，硕果几无。

日本"经营之圣"稻盛和夫毕业求职的时候，正值由朝鲜战争的军需带动的一轮经济发展已告一段落，很多公司倒闭。来自乡下大学的他去应聘时被瞧不起，屡试屡败，到处找不到工作。由于学过空手道，他就想干脆去混黑道，有好几次到了闹市区的某个黑道帮派的办公室门口但又犹豫不决。多亏大学教授的介绍，他进了京都某玻璃公司工作。谁知道这家公司也快要倒闭了，经营阶层常发生家族内斗的事情，看上去分崩离析，还不能按时发工资。不久，几乎所有的同事都辞职离开，只剩下他一个人。他沮丧至极，进退两难，但是意识到抱怨也没有用之后，他的心态就发生了180度逆转，留下来全心全意地投入工作中，努力从事项目研究，连做饭的家当都带到了研究室。逐渐有了研究成果的激励，他也不把迟发工资当回事了，专心于更高的研究，人生进入良性循环。当时电视机开始普及，他自创出晶体管电视机中电子枪所需的陶瓷材料，在技术上领先全日本，好评如潮。

他开始不再认为工作是为了挣钱，而是为了证明自己生存的价值。专心研究获得的本领就是他最大的财富，随后，他离开那家公司自主创业，成立了京瓷公司。

毕业后这一段难熬的经历对他的一生影响甚大。他意识到事情难办，但是只要以百分之百的热情和精力去做，比如履平地更能取得成就，因而更能看到自己的价值。凭借心态的转变，他终于在困难的时候笑出声来，而没有沉沦下去！"自己遭遇到的所有事，其实都是自己的心所产生的。"他这样看待人生。

创业只是新的人生阶段的开始，更艰难的事情在后面。京瓷公司第一次接到 IBM 公司的大笔零件订单时，IBM 在规格方面的要求是难以想象的严格与苛刻，仅规格明细就有厚厚的一大本。京瓷公司拼了命去满足对方的要求，一次又一次地反复试做，还是达不到 IBM 的标准。作为老板的稻盛和夫，完全可以放弃这次高难度的合作。他不是没有这个念头，但是作为一家没有名气的中小企业，如果这次合作成功，就能打响知名度，这是非常难得的机遇。所以他把放弃的念头压下来了，训斥了消极、悲观的员工，鼓励大家背水一战，把全部的能力都用上。

"还有谁能帮我们的忙呢？最后我们还有老天爷帮忙！"他问一筹莫展的技术员工，"你向老天爷祈求过了吗？"

这提醒了技术员工竭尽所能地发挥潜力，终于达到了 IBM 的超高标准，最后成功交货，完成大订单。

从此之后，遇到难办的事情，就算感觉力不从心，稻盛和夫都会站在未来的角度告诉自己："那只是暂时的，有一天我一定能办到。"因为人类的潜力是无穷的。面对难办的事情，应该想到总有一天能够办到，要以"未来的自己"提醒自己总有成功的可能性，奋战到老天爷出手相助的那一刻。经历了这些事情之后，他说："能开创新格局者，必是一心一意相信自己的可能性的人。所谓可能性，也就是'未来的能力'。如果凡事都以目前的能力来评断能与不能，那么任何新的、困难的事物无论再过多久，也不会有完成的一天。"

"事情越难办，笑得越大声"就是"经营之父"稻盛和夫创办和经营京瓷公司的信念。作为中小公司，他经常大胆地接下别的大公司认为困难度太高而放弃的工作，尽管他的公司还达不到大公司都难以满足的技术标准，但是他从来不会说"做不到"或"大概可以吧"，而是笑着说"没问题"——只要能接下订单，公司就能生存下来，这比什么都重要。不过，他也坚信再难达到的标准，只要竭尽全力总会有一天可以做到，逼得员工们也拿出九牛二虎之力，一次次啃下难啃的骨头。员工想要懈怠或放弃时，他就会大声地激励他们：

"说什么没办法、做不下去了！现在只不过是中途站罢了。只要大家使出全力撑到最后，一定会成功。"

这种"使出全力撑到最后，一定会成功"的信念充满了魔力，帮助他的公司一步步壮大，超越了那些高高在上的大公司，也使他成为名满天下的企业家的标杆和楷模。做难度更大的事情，成就会更大，这就是他一直编写的人生方程式，也是他获得成功的秘密。

要敢于从你的舒适区走出去

表哥夫妇有一套独特的教育手段，从不表扬，也绝不指责，只是在孩子做事出格的时候谨慎干涉。我看到 6 岁的侄子在桌边静静地埋头绘画，笔触生涩，但纸上的人物神采飞扬，禁不住连赞几个好，摸着他的小脑袋大大夸赞了一番。表哥打断我接下来的溢美之词，说孩子正在用功，现在不要打扰他，将我引至一边，同时小声嘱咐道："别夸孩子，让他自己做。"

这举动令我颇感诧异，反问道："难道不应该多表扬孩子，培养他的自信心吗？"

"你的自信心是别人夸出来的？"

我一时语塞。他回头望向儿子，眼睛里柔软而温暖。那一刻我突然意识到，父亲毕竟爱自己的孩子，远胜他人。

"夸奖的话听多了，他就会越来越舒服。一旦舒服成了习惯，就形成了舒适区。到那时候再想从里面走出去就不容易了。"表哥的眼睛始终没有离开孩子，压低声音说。

我恍然大悟。

1908 年，心理学家罗伯特·M. 耶基斯和约翰·D. 道森通过研究发现，一个相对舒适的环境可使人行为稳定，表现最佳。这就是舒适区，一个活动及行为符合日常常规模式并且能最大限度减少压力和风险的行为空间，使人处于心理安全的状态。譬如，每天按照常态工作、交际，始终保持节制是令人感觉安全的，因为一切可以预料，没有不可知的风险。尽管客观环境随时在发生改变，我们只要遵循一定的轨道，就会产生一种"纳入感"。在这个前提下，人会倾向于压制自我以及自我带来的情绪变化。面对一次不公的安排，面对一句挑衅的言语，反击会带来不可掌控的风险，被渴求舒适的心理所不容。

于是我们必须注意到舒适区定义中的某个微妙措辞，即心理安全，而不是现实中的安全。对与自身有关的认定一旦被舒适区所禁锢，个体认知便会呈现出顽固、偏执、傲慢或悲切的一面。表哥坚持不夸奖、不指责的态度，归根到底，是为了避免给孩子的自我认定造成先入为主。

人一生下来便面对一个紧迫的问题：什么是世界？从广义的角度来看，"上下四方谓之宇，往古来今谓之宙"，万物万事就是世界。从狭义上，与我们每一个个体息息相关的角度来说，非自然的、人文的、与我们情感紧密联系的一切才是世界。当孩子懵懂睁眼，开始了解与自己有关的一切时，盲目地灌输"你最棒""你真好""你太强"等概念，会给他营造一种虚假的自负。这种自负经不起现实的锤打，一旦新的命运到来，他的舒适区会轰然崩塌，发现自己被抛进一个冰冷的陌生世界。

我再问表哥，如何处理孩子那种不断寻求自我肯定的尝试。

"让他干呗。想干什么就干什么，只要别伤到自己，不妨碍别人。时间一长，他就知道自己擅长干什么、不适合什么了。"

他的确做到了一个明智的父亲的境界：允许孩子的失败，给他焦虑的机会，而不是跟在他后面收拾残局，甚至亲自上阵解决难题。我们需要有相对焦虑的状态，即一个压力略高于普通水平的空间，罗伯特·M.耶基斯和约翰·D.道森将这个空间称为"最优焦虑区"，它正好在舒适区之外。对人的成长来说，"最优焦虑区"必不可少，它不仅仅代表某种程度上的心理紧张，更意味着一种崭新的、有无限可能性的尝试。

常去游泳的人都会有这样的体验：换上泳装，站在池边的那刻是整个运动过程中最不愉快的。身上的肌肤温暖，脚趾探水感觉冰凉，徐徐轻风拂过身体，忍不住打一个寒噤，真恨不得马上扭身，穿衣走人。这是最符合人类面对焦虑区时反应的比喻，脱离常态的外界环境，会带来失去自持的肌体变化，会带来一系列心理失衡。在这种失衡的作用下，人往往会失去对现实威胁的评估能力，哪怕一丁点风吹草动，也可能引起巨大的恐惧感。

顶包受气的小职员，宁可忍受同事背地里的嘲笑、当面刻薄的讥讽，也不愿拍案而起争取尊严；忍受家庭暴力的妻子，宁愿日日忍受恶劣丈夫的拳头，也不肯奋起抗争，拿起法律武器捍卫权利；暗恋心仪女孩的男孩，宁可眼睁睁地看着爱情从手边溜走，也不愿鼓足勇气去大胆追求；生活窘迫、囊中羞涩的年轻人，宁可将大把的时间浪费在网吧和酒瓶里，也不愿冷静思考，努力奋进。

舒适区并非身心的和谐、愉悦，只是灵魂上的退却和保守。我们往往任凭肉体受难，满足于内心的苟且偷安。一位派出所的民警在网络上说出这样一个案件：一个家庭主妇频繁遭受脾气暴躁的丈夫殴打，在某个夜里忍无可忍，前往派出所报案。接警的这位民警非常重视，在完成伤痕检验等取证工作后，依法对她的丈夫实施了刑事拘留。待天亮后，这位主妇头脑冷静下来，想到丈夫被拘留的事情，顿时惊慌失措要求公安放人，却因其丈夫的所为已经触犯刑事条例不能民事调解而被拒绝。从这天开始，这位主妇日日带着家眷上门辱骂公安，最终也受到行政治安处罚。

除了叹息之外，我们必须发问，这位主妇意识不到自己肉体上的痛苦吗？那些拳头真真切切落在她的身体上。但当苦难成为常态，便内化为所谓"舒适区"的一部分，任何改变的企图，都会让她感到风险与不安，宁可充当加害者的帮凶，也不肯接受法律的帮助。

于是我们可以清楚地辨明"舒适区"的真相，它是改头换面的斯德哥尔摩综合征，是阻碍我们追求更加美好生活的桎梏。人生追求轻松愉悦是天性，与此相对地，必须保持足够的警惕和冷静，时刻不忘检视自己、观察环境，分辨清楚我们现在所处的"心理安全""精神舒适"是否真的能代表客观状况。

回到游泳池边，那汪清水的冰凉就真的不堪忍受吗？

深呼吸，掩鼻，憋气，咬牙，双足发力，一跃而下。有经验的泳者都清楚，当最初的寒意覆满全身皮肤的时候，身体内部同样会加快新陈代谢，产生热量来与其抗衡。经过这短短的刺激之后，身体与池水便会迅速形成热平衡，不适感的消退会快得超乎寻常，会感到池水竟然渐渐温暖起来。此时，便可以尽情舒展，潜底畅游。

站在"舒适区"与"最优焦虑区"边缘的人，不妨捏着鼻子，纵身一跃，在冷静且确保实际安全的情况下，狠下心来克制住肤浅、轻薄的不适感，相信自己具有足够的能量来对抗，并且相信适度的焦虑会刺激自己的潜能更大程度地迸发。当达成热平衡的那一刻，你又占领了一块"焦虑区"的领地。此时，你将会心微笑，准备跃向另一个陌生的世界。

停在港湾的船是安全的，但这不是船存在的意义。

忙着去飞的人是没有时间为摔跤而哭泣的

华人文界泰斗李敖有着传奇的经历，打得起官司，进去过牢房，娶得了明星，玩得起娱乐，主持过节目，著作堆积如山，是诺贝尔文学奖候选人，美女环绕如云，娶妻年轻美貌，生了一儿一女，真是潇洒。他的人生曲折度绝不比普通人少，光坐牢、离婚这两项就让恨不得自称文曲星的他很痛苦。但是，面对挫折，他有自己妙趣横生的人生哲学：

"凡夫俗子遇到祸事，立刻做直接苦恼自己的反应，于是祸上加祸，自然祸就双至了。我的办法是：我遇到祸事，第一就告诉自己'我决心不被它打倒，相反我要笑着面对它'。这样一来，我就先比别人少了至少一祸。绝不配合祸，这还不够，我还要把祸本身给'值回票价'，这才满意。什么叫'值回票价'？《史记·管仲列传》中司马迁说管仲'善因祸而为福，转败而为功'，这是我最欣赏的本领。化祸为福，转失败为成功，对人生来说多么重要！'人生不如意事，常十之八九。'低手对不如意的事是哀声叹气；高手对不如意的事，却能化为对自己有利。"

对于拥有远大志向的人，他的快乐的来源是实现理想，不管现在的环境如何，都会与自己的理想一起呼吸，对于一时的挫折或失去看得较为简单，会用更多的时间挖掘自己的潜力，让自己始终处在正面的思考状态，而不是"对不如意的事哀声叹气"。将人生中遇到的不如意的事化为对自己有利的事，是选择了阳光的心态，也是生命自身的创造力的体现。有两个朋友结伴旅游，在回来的路上发现钱包丢了，其中一个人不甘心，又返回去到处寻找，问了很多人，向警察报了案，却都没什么用，一直烦恼不已。另一个人从现实的角度考虑，最重要的是挣钱回家，就到途中一家饭店找了份洗盘子的临时工，一段时间之后就挣回了路费，还和老板成为朋友。相信自己拥有更大创造力的人，不管遇到什么样的事情，都能调整心态，把逆境转化为创造的动力，为自己创造新的东西、新的价值，而不是留在原地烦恼不已，哀声叹气。

每个人心里所想的念头，都有实现的可能性。所以，拥有远大志向的人，更愿意把精力放在如何能心想事成上面。那些停留在暂时得失的人，只能看到事情表面的发展，看不到更有价值的追求，却大谈人生的运气和机遇，看到别人获得成功，就会忍不住说："他的运气很好，老天爷垂青于他，背后有贵人相助！"看到别人倒霉，就会哀声叹气："他这个人运势很差，一辈子就这样了，永远也没法出头！"他忘记了星球的运行并不由他掌控，别人的祸福也没有交给他操控，却总是凭一时得失，评价自己和人家的运势，忽视成功的人也经历了很多挫折和失败，并非仅靠"老天爷垂青"所致。

当美国国务院调查希拉里·黛安·罗德姆·克林顿在担任国务卿

期间用私人邮箱处理国家公务时，第二天希拉里就忙着对全国和全世界的民众正式宣布第二次竞选美国总统。面临舆论对她最不信任的时机，她半点儿也没犹豫。这个女人已经竞选总统失败过一次，所有重量级的媒体都一遍遍淋漓尽致地报道过她的失败，但她仍发出令人震撼的新的吼声："我要做冠军！"无视严厉的批评声浪和竞选对手借邮件门的攻击，她又站到了全球舆论界的最高浪尖上。她很成功吗？她是耶鲁大学的毕业生，选择了极有潜质成为总统的校友克林顿结婚，自己也成为第一夫人、纽约市议员、美国史上第三位女国务卿，却不知道人家的目标在更高的地方，否则人生还有遗憾。她很幸运吗？但谁能忍受身为总统的老公不检点的偷情破事被炒作到无人不知，而几乎每次偷情都是在她以第一夫人的光荣头衔面对公众的时刻，她背负丈夫的性丑闻，却选择了继续创造事业辉煌，把丑闻的帽子丢到太平洋。她很坚强吗？岂知全世界的人都盯着她会不会离婚时，她面对媒体问的有关克林顿的一些问题，几乎答不上来，情绪低落，意志消沉，要靠向别人求助才能走出来，最后还是在《圣经》的抚慰下选择原谅。当舆论黑子令性丑闻的女主角莱温斯基痛不欲生，还在如祥林嫂般哭泣诉说时，希拉里却忍辱负重，面对没完没了的争议，一次次成功地攀上权力更高的阶梯。你可以怀疑她做总统的能力，但是无法否认她战胜了一个女人一生中最痛苦的打击，维护了做女人、做妻子、做母亲、做某某的夫人的尊严，没有浪费时间为人生路上的摔跤而哭泣。

有成功的信念的人，引导他向上的是理想和计划。有时候，他可能也并不知道自己的真正计划是什么，但遇到挫折后没有沉溺在懊恼之中，而是努力成为更好的自己，向世界提供升级优化版的自我。因出演《**色戒**》一炮而红的汤唯，在艺坛拿到了不少新人奖，正准备享受明星的光环的时候，一纸封杀令却让她不能出镜。本来她很可能会像历史上那些闪烁一时的性感女明星一样悄然告别舞台，坠落为平凡的庸妇。性感成为她们罪恶的标签。但是这个女人没有因为一次表演就把自己和性感绑定，她选择出国一段时间去寻找更加真实的自我，不想在摔跤的时候被人家追问未来的计划。试问摔倒的人还会有什么计划？除了站起来。可是怎么站起来呢？她给出的答案是成为更好的自我，创造新的价值。你在为她的明星梦搁浅而扼腕叹息的时候，她却漂漂亮亮地在海外发出光彩，又照射到国内。出演韩国电影《晚秋》，把她推上了艺术电影的领奖台，不像那些性感的港台美女到了年纪大的时候还在唠叨，后悔出演了将她们推上高名气的性感角色。她们始终活在人家给她们贴的标签中，活在舆论的评价体系中，而汤唯靠真正的表演再一次震撼了专业领域和大众媒体。别人贴的那个性感标签根本无法等同于一个完整的女人、一个自由的生命、一个靠自我塑造的人生。自己，不是人家眼里的标签，而是活出来的生命；不是得失成败就能概括，而是不断去做，不断争取成为更好的人；不是一次的跌倒就能盖棺定论，而是除了死亡，永远有可以做出改变的机会。未来是靠自己去书写更辉煌的经历，而不是一次次懊恼得想回到过去就能改变的。

　　人的一生是自己创造出来的。就像科学家发明一样新东西，总是会尝试千百次，错了之后反复再试，直到电灯泡发明了，蒸汽机发明了，飞机发明了，潜艇发明了……人的力量得到无穷的延展。每个人创造自己人生的过程，也会反复再试，只要倾尽全力，就能找到让梦想实现的方案。成功的人，不一定多么聪明、幸运或坚强，但一定是有创造力的人，并非人人都是爱迪生，但是我们都应该懂得利用自己的生命去创造更丰富多彩的内容。

有创造力的人们，永远不会把时间花在痛苦上面。从他们想到要实现目标的那一刻起，就开始思考如何排除万难、解决问题，一天接着一天，一个月接着一个月，一年接着一年，去达成目标。在这个过程中，跌倒了就站起来，失去了就再次争取，他们的目标是创造出新的东西，给世界上的人带来新的好处，而不是头痛医头、脚痛医脚，把时间耽搁在无穷无尽的烦恼中。

当时忍住就好了

人生中有多少次，我们会忍不住说"当时忍住就好了"？

当时如果忍住了，少说一句气话，就不会跟自己的恋人闹到差一点分手，就算后来和好了，想起那次吵架还是觉得心里有道难以磨灭的伤痕。

如果当时忍住了，不被喝多了的小痞子激怒，也就不会跟他打起来，激动之下造成对方重伤，搞得自己锒铛入狱。

如果当时忍住了，好好听听总监到底在说什么，而不是把辞职报告直接摔在他面前，现在就还在今年刚上市的前公司里好好工作着，说不定已经升职做了总监。

西楚霸王项羽如果当时忍住了，不在乌江自刎，说不定，历史上将没有汉朝。

可惜，世界上没有后悔药可吃，时光也不会倒流。

人们早已达成共识，忍是一件很痛苦的事。"忍字头上一把刀"，这句话中国人已经说了很多年。

忍为什么痛苦？

因为忍意味着克制，意味着压抑，意味着无法随心所欲。当下的情绪、感情、欲望，明明如火焰般在熊熊燃烧，却非要当头浇上一盆冷水压制下去，这是违背身为动物的人的本能的。

忍，更多时候是一种理性的选择。理性相对于感性而言，往往来得慢一些，却更顾及长远的需求。

对于忍，佛教中有过非常贴切的分析。在佛教中，忍有三种层次：

第一是生忍。就是为了生存，必须忍受人生中的各种辛劳痛苦、酸甜苦辣。从身体到精神，都包含在内。这方面非常著名的例子是韩信当年忍受胯下之辱。如果他当时拒绝忍耐，就有可能被痞子们杀害，即使不被杀害，也会因与痞子们结仇，免不了陷入与他们的长期争斗，浪费自己的大好光阴。

第二是法忍。所谓法忍，就是能够对自己心中产生的贪、嗔、痴等负面感受进行自我克制、自我疏通、自我调适，不会在坏情绪的怂恿下，做出令自己后悔的事。如果能做到这一步，许多激情犯罪案件就会不发生。

第三是无生法忍。这是佛教认为的忍耐的最高境界，就是不把忍耐当成忍耐，不觉得忍耐是一种痛苦。因为已经认清了世间的普遍规律，不再为这些事而烦恼，所以就可以不在意了。

佛法说的忍耐，也许有点玄虚，不好理解。但是，忍本身是一件应该践行的好事。能忍的人，至少具备了四种能力：

一是认识事物本质的能力。面对激起自己不良情绪的情境，可以不急于做出反应，而是静下心来，以理性思考得失，透彻地思考前后关系，于是可以安然忍耐。

二是接受现实的能力。事情既然发生，不管是愤怒、悲伤、沮丧、绝望，都于事无补，不如放宽心，坦然接受。这世界本来就不是只一面的，有生就有死，有胜就有败，有荣就有辱，如果不认为"所有好事都该归我"，那么，任何逆境都不用太在意了。

三是担当的能力。当坏事来临时，敢于承担自己的责任，敢于在这种逆境下依然向前走，不认为自己能被这样的事毁掉。正因为有这样的信心，就不会把当下视为绝境，也就不会用负面的、激烈的方式来解决问题了。

四是化解的能力。忍，是给自己和别人留下的一点余地，也是给生命的一点留白。当时不把事情做绝，其后自然会有新的机缘来转化，就像塞翁失马的故事。世事是绵延不绝的链条，每一个环节都有可能在未来发生转化。当下被视为坏事的事，也许会在未来结出好的果实。当下被认为的好事，也许隐藏着未来的灾难。如果用这种眼光来看问题，就不会被一时的情绪所左右了。

下一次遇到让你觉得忍无可忍的场合的时候，试试看，先深吸一口气，倒数 10 个数，然后问自己下面三个问题：

1. 我现在的情绪是什么？是对他人的愤怒，还是对自己感到无能的绝望？

2. 为什么这种情况会激发我的这种情绪？

3. 如果我任由自己愤怒下去，会发生什么事？这是我期望的结果吗？

如果你向自己一一提出这三个问题并且给出了答案，相信那时的你已经可以放下心中的执念，云淡风轻地熄灭怒火或绝望，并且对自己说："这次，我真的忍住了。"

Part 5

耐得住寂寞，
守得住繁华

成长的岁月里，若曾有过安静的体会，
将会成为一生的美好记忆和坚持下去的力量。

耐得住寂寞，守得住繁华

有一粒沙子，每天在海滩上看着人来人往、潮涨潮落，它总觉得自己不够独特，没有存在的独特价值。有一天，它滑入蚌壳里，看不到漫天的星辰、绵延的海岸线和漂亮的船只，被包裹在重重的壳里，透不过气来，也不能自由地玩耍了。它一直待在这个黑暗世界里，感到非常寂寞，却宁愿这样忍受煎熬，也不想再像以前那样随波逐流了。不知过了多久，它突然看到一丝光照进来，人们看着它喊道："哇，这是一粒珍珠吧！真漂亮！"这一瞬间，它找到了自己独特的价值。

无论沙粒能否变为珍珠，这一粒沙子塑造了自我的品质，和所有有梦想的人一样。在这个世界上，给自己编织了"梦想"的人分为两类：第一类是走向欲望，梦想就是他的欲望的呈现，即世俗的名利或短暂的欢乐；第二种是走向无限，把生命融入宇宙的无限中，相信人生有无限的可能，相信并实践这46个字：

"故天将降大任于是人也，必先苦其心志，劳其筋骨，饿其体肤，空乏其心，行拂乱其所为，所以动心忍性，增益其所不能。"

在无限中塑造自我是更高尚的梦想。每个人刚出生的时候，都像一粒沙，只要努力塑造自己，最后都会成为自己力所能及的模样。

华裔篮球运动员林书豪在高中的时候，就展露出过人的篮球天赋。为了更好地打篮球，改变华人身高的劣势，他靠吃西餐和坚持运动刺激发育，父母的个子不过一米六七，他的身高却达到了一米九以上，终于不矮人一截，具备了成为一个大个子篮球运动员的基本体格。他凭着在篮球项目上的特殊才能以及良好的文化课成绩被哈佛大学录取，成为常青藤学校小有名气的校篮球运动员。很少有名校的篮球运动员在职业篮球联盟 NBA（美国国家篮球协会）非常耀眼，所以当他参加 NBA 的选秀落选之后感到非常沮丧，好像已经和梦想失之交臂。不过靠着在选秀时的表现，他还是获得了许多 NBA 球队抛来的橄榄枝，但只是试训而已，他想等待一份真正稳定的 NBA 的合同的到来。他在较低级别的夏季联赛的篮球赛场上挥汗如雨，尽情展现球技，终于在 2010 年得到了金州勇士队的合同，成为第一位 NBA 美籍华裔球员。可惜在这个高级别的赛事上，菜鸟球员林书豪只是坐在板凳上的替补，他能充分表现自己的机会并不是很多，又由于伤病不断，他在第二年就被勇士队裁掉了，转而和休斯顿火箭队签约。但是，火箭队里控球后卫这个位置的竞争者太多，他又并无高人一等之处，所以还没获得正式的表现机会，就又被火箭队裁掉了。2011 年的最后几天，林书豪和纽约的尼克斯队签约，没过多久，被下放到低级别的赛事中，由于表现出色，才再一次被召回来。此时，尼克斯还在犹豫不决的阶段，没有和他签订一份保障合同，随时可能将裁掉。林书豪跟着球队参加一场接一场的比赛，却都是坐在板凳上打发寂寞的时光，看着别人在球场上热闹。一天、两天、三天……十天之后，也许他就要离开尼克斯队。

在纽约的这段时间里，他还没确定能在这里落脚，连正式睡觉的地方都没有，只能睡在队友家的沙发上。他不知道自己的明天会在哪里。他只是别人眼里微不足道的"替补"，就像海滩上的一粒沙，与他类似的人太多了，无论他在球队里默默无闻还是展露锋芒，都会面临可能随时出局的命运，甚至永远告别NBA。寂寞啊，寂寞，不在寂寞中爆发，就在寂寞中沉没！

坐在板凳上寂寞等待的时间里，这支纽约的球队凑巧接连出现几个伤病队员，林书豪获得了上场的机会，拼命刷数据，第一场正式比赛得到25分，引起了主教练的注意。到了下一场，就从替补转正为首发球员，连续七场都获得了较高分，接连在关键时刻帮球队反败为胜，一两周之内在纽约刮起了"林疯狂"，很快成为全球风靡的篮球球星，备受瞩目。这就好像那一粒沙子变成了珍珠后的模样，终于发出了自己独特的光芒。他终于获得一份有保障的合同，不用担心过几天就被裁掉了。命运的转折上演了奇迹，他成为2012年美国《时代》杂志评选的最有影响力的人物排行榜第一名。从此，他成为一名属于NBA的有颇高知名度的真正的篮球运动员，在媒体上的曝光率一直都很高，为他赢得了比普通球员更多的名利。

林书豪在篮球运动中塑造了自我。他一直相信上帝会给他很好的安排，结果终于没让他失望。他将自己的命运融入了宇宙的无限之中，面对再多困难也不抛弃自我，终于让自己的梦想找到了一条属于自己的生命轨迹的实现形式。

那些放弃了重塑自我的人过早地步入世俗的平庸生活，满足于眼前短暂的一切，从不想去探索生命的本质和成功的规律，轻易就自我否定。那些人既耐不住寂寞，也无法享受在世间备受瞩目的那种繁华，只能在自己的小圈子里从出生走向死亡，畏惧挫折，害怕挑战。自始至终敷衍地对待自己的梦想，也就会远离更强烈、更深刻和更持久的幸福。

塑造自我，永远是人活着的意义。苹果公司 CEO 乔布斯一生以创造完美的品牌产品为己任，在这个世俗目的实现的同时，他自身的价值也得以体现。他最重要的创业伙伴沃兹尼亚克是这样评价他的："他的天才在于实现别人不可实现的幻想。"他把一项赚钱的事业升华到了人的价值层面。所有的产品都是心血，而你自己就是最大的产品。当你想要把自己塑造成接得住"天降大任"的大英雄，就要承受塑造自我必经的不断探索生命本质和命运规律的艰难历程，在坚持时耐得住寂寞，在得到时守得住繁华。人一生的价值就在于塑造最令自己满意的产品：就是你自己！

孤独是人生的必需品

几年前，跟哥们儿在酒吧喝酒，突然说起《一声叹息》这部电影，跟着感慨泛滥起来。他是个风流的人，偏偏是个情种，无论与哪家姑娘交好，都会付出真情。时间长了，难免境遇尴尬，这两日家中就正沸反盈天，外面也横眉怒目，过得苦不堪言。夫人贤惠持家、包容体贴，让他万难割舍，但门外多情、娇媚的姑娘们又令他欲罢不能。于是天天周旋于其间，对左一个好言相慰，对右一个指天发誓。

作为朋友，我想安慰他两句，但突然口拙，想不起说什么就忍不住叹了一口气。这时候他说："有时候面对很多事情，你真的就只能这么叹息一声。"当时我们俩跟演话剧似的，那表情、神态肯定很有表现力，后来我因为打瞌睡先走了，剩下他和几个朋友还在音乐和烟雾环绕的地方继续杯盏惆怅。

其实我想对他说的是："你把自己当成什么了？"

王小波说："人有无尊严，有一个简单的判据，是看他被当作一

个人还是一个东西来对待。"我们生活在世界上，并不一定是权贵，
总难免攀附于他人。凡是对某事或某物欲罢不能、难割难舍，甚至不
惜以肉体或精神置换的，便是攀附。一个庞大炫目的人脉圈，一个暗
自梦想的爱人，一笔数目诱人的金钱，一个惹人垂涎的高位等等，我
们投身喧嚣，摇舌聒噪，或巧取豪夺，或急功近利，或亦步亦趋，或
诚惶诚恐，将身外之物置于个体生命的存在之上，以王小波的标准来
看，这种状态叫作物化。

存在主义先驱萨特认为，存在先于本质。这句话很好理解，譬如
勺子出现在世上时本质就已经注定，是饮食的工具。万物皆可以定其
本质，唯人不可，因其非物。我们有灵魂，是真正的存在。没有一个
人是注定为了某个意义或目的而生，只是在成长、生存、行动的过程
中，不断为自己寻找目的和意义，看上去便有了本质。当我们谈论某
人本质良好或恶劣的时候，说的不是他，而是他的过往、历史、经验
与知识。于是我们首先是人，是生命，是不确定、不被定义的存在。
我们拥有绝对自由，并苦于自由。

自由甚苦，没有归宿，我们煎熬于生存的不确定与风险，还不如
一把勺子自在坦然。于是我们有了被物化的前提，相信自己将归宿于
某处，并将在彼处寻得安宁与幸福。换句话说，我们都在潜意识里倾
向于相信自己是为某物或某事而生的"勺子"，并将安于彼岸。有人
利欲熏心、拜金主义；有人色迷心窍、招蜂引蝶；有人专断弄权、飞
扬跋扈；有人心怀梦想、穷且益坚。红尘万象都不过是个体渴望从绝
对自由的苦恼中解脱，投入一个可预料的、没有风险的温暖世界中去。

适度的物化应当是健康的、和谐的。存在主义所言的"绝对自由"
并非某种道德判断或价值取向，它只是对人类处境的冷静描述。身为

肉眼凡胎，食五谷杂粮，我们不可能也不应该让自己始终心无挂碍。只是与此同时，我们也必须认识到，无论我们被物化的程度有多深，无论我们在寻找本质的路上走多远，自由、风险与不确定性就是我们本身，如影随形。就像我那位深陷红粉泥沼的朋友一般，自以为八面玲珑，却遭四面楚歌；自以为拥有万花丛中过但片叶不沾身的天赋，却注定无法被定义成那把专属于情爱的勺子；自以为那些姑娘是为自己而生，而自己也是为了与她们的情爱而活，却得到了难以预料的结果。

于是，在喧闹、华丽的物化生活之外，孤独就变得至关重要起来。它的出现意味着从构筑彼岸的努力中暂时停下，从迎来送往的游戏中暂时出局，从追逐攀附的行动中暂时抽身，抛开生命存在之外的各种自我预设和定义，清醒地体会到：人首先是由自己造就的，而不是外来的某些东西。你的行为决定了你的本质，不同的行为又在刷新自己的本质，不会有任何一种本质是为你准备的，也不会有一种本质能定义终身。听从境遇的安排并屈服于其中是一种罪，只有自由意志和自由选择才是终极出路。

萨特在其极戏剧名作《禁闭》中描绘了这样一个场面：加尔散、伊内斯和艾斯黛尔均因有罪坠入了地狱，他们惊异地发现，地狱没有刑具，没有魔鬼，只是一个房间和他们三个人。他们在消磨时光中开始谈情说爱、拉拢熟络，又彼此谈及所犯罪行，并尝试将高尚的面具戴在自己脸上，谴责他人、互相牵制、钩心斗角。最后加尔散发出悲叹："说起地狱，你们便会想到硫黄、烤架、皮鞭，何必要硫黄呢？他人就是地狱。"

这出戏极其深邃地指出人的困境。当我们尝试去进入人群，构筑并维持自己想象中的归宿，他人就成为了地狱的硫黄、烤架和皮鞭，带来持续不断的痛苦和煎熬。这也是众生皆苦的真相。自我物化来寻求归宿的尝试未必会带来好的结果。当你自以为走在正确的道路上，却困囿于无路可走的窘境时，便需要从自我预设的定义中随时抽身，主动走进孤独中冷静反观。

我那位朋友有位智慧的贤妻，她不吵不闹，甚至没有告诉娘家真相，便收拾行囊悄然从丈夫的生活中消失。三天后，那位朋友拿着一束玫瑰花站在妻子公司门前等候，看到身形窈窕、容光焕发的妻子与同事从写字楼里走出，上前献媚却得到礼貌回应："谢谢你，不过我不方便收，一会儿还跟人有约。"

"跟……跟谁？"

妻子嫣然一笑。

"我以前问过你吗？"

悻悻而不知所以，心里似狂风暴雨。朋友当晚拉我喝酒，被我狠狠耻笑一夜，酩酊大醉之后给妻子连拨数十个电话，却无一接通。看着他抓耳挠腮、急火攻心的样子，我竟然有些欣慰。那个女人没有被定义，没有被预设，适度物化，心中有爱，却勇于做出选择，不将任何一个暂时的场景当成自己的终极归宿，保持着冷静和隐秘的孤独。她不是勺子，而是一个人。

就这样孔雀东南飞数月，朋友日渐消沉，光鲜的外表渐趋邋遢，身边的莺莺燕燕也渐渐消失。我再见他时，他胡子拉碴、眼神萎靡，只剩强颜欢笑。他变成了一个被物化过头到崩溃又不敢做出选择的弱者。

"她要跟我离婚。"

"你打算怎么办？"

"怎么办？挽救不回来了！"他一声叹息。

我耸耸肩道："那就离呗，你身边不是还有那么多女孩吗？"

"哼！"朋友冷嗤一声，"都不靠谱，我现在这样子，谁还把我当回事？失败者，我他妈的确实是人生的失败者。"

前往民政局那天，朋友一言不发，目光呆滞。站在大门口，忽然两行清泪流下。

"怎么？触景生情？"妻子微笑，淡定从容。

"没什么，下次别找我这样的。"朋友一咬牙，当先迈步，却被一只秀手揪住了衣襟。

"怎么了？"

"我没带身份证。"

朋友痴痴地看着眼前的美人，足足数十秒。娇妻唇角翘起一丝狡黠的微笑。他惊醒过来，一把搂住伊人纤腰，泣不成声。

至于我，早就知道了这个结果。毕竟，她需要有人来帮忙打探这"孙子"的心态和想法。

这是她和我约定的一个局。

毕竟，她爱他如此之深，以他之愚钝难解。

学会与孤独做伴

　　人的内心中每天都有两个主角在争分夺秒地争夺心灵的主导权。一个是小我，它就像是厨师端出来的菜，五花八门，爱咋样就咋样，依靠的是像细胞一样广泛而复杂的自我意识，《西游记》中叛逆而骄傲的猴子、贪食好色的猪、放纵犯错后又被驯服的白龙马、外在丑恶和内心憨厚并存的沙僧都是小我的幻象；一个是大我，拥有上帝型人格，每天都在追随真理，念经、念经还是念经，唐僧就是大我的幻象。

　　你想让小我主导自己，还是让大我主导自己呢？它俩常常是对立的，而且都很执着。小我存在的地方，便没有大我；大我存在的地方，便没有小我。贪食好色的猪八戒犯毛病了，就想离开唐僧的队伍，正是这个原因。因为在唐僧眼里，是不容他贪食好色的。唐僧喜欢对猴子念紧箍咒，也是这个原因，若放任猴子成天活蹦乱跳地玩闹好斗，没事找事，它还能有耐心到西天去取经？

　　比起小我总是搞出事情来，大我是如此简单，就像唐僧那样能够与孤独做伴，穿山越岭，不畏浮云般变化莫测的艰难险阻，到万里之外遥远的国度寻求真理。"寻求真理"这四个字进行世俗寓意的转换，就是"达成目标"。

思考一下《西游记》中的取经团队，离开代表了大我的唐僧，这个团队还能取得真经，载誉而归，戴上斗战胜佛、净坛使者的金冠吗？

小我是爱折腾的，充满了激情，机敏而好斗，自我意志很强烈，受到欲望的左右，就像沉浸在繁华中的众生每天的心态。但是，它东闯荡、西闯荡，在世界的权利结构中上上下下，结果可能还是被压在佛陀的五行山下，和荒草野冢做伴，再有本领，也只是在繁华的泥沼中打滚，难有真正的作为。

只有看到小我不断因自私犯错、缺乏方向引领——像无数支小箭到处找靶子攻击，才知道大我的可贵。大我有爱心、低调、谦卑、愿意付出、怜悯他人，追求内在和谐，有耐心和责任感，目标专一恒定，只要它认定的价值，就会去遵循，凡是它想要达成的目标，就能忍受孤独去获得。小我和大我的不同，是价值观的不同。小我执着于形形色色的肤浅的欲念，大我相信有舍才有得，在人生旅程中的选择都是为了获得更大的价值。

难道你不想完善自己，依靠大我获得真理和实现目标吗？清华大学有一位保安坚持在学校做旁听生，结果考上山东师范大学，成了本科生。武汉一所大学的图书馆的四名保安通过一年的努力，也都考上了研究生，号称"励志保安团"。这四个保安原本都是考研落榜生，到图书馆担任职位很低的保安，就是为了能在孤独的氛围中，更好地投入学习，下班后脱下保安服就去图书馆和自习室，晚上就睡在图书馆内的宿舍，远离了世俗的利益纠纷和自私自利，从早到晚都是出入图书馆，还能不专心学习吗？

很多成功的人都是这样，在实现小我中屡次失败，却在追寻大我中重生。在现实生活的世俗名利场中，掌控人的心灵主导权的常常是小我，我们很容易沉浸在自我意识中，怀有欲望、失望、怀疑、迷信、骄傲、嫉妒、憎恨、悲伤等情绪。由于人必须坚持利己主义才能生存下来，你只要活着，就必须和别人竞争，就不得不以自我为中心。得失心非常重而时时刻刻在意你的名声、你的收获，经常会使你感到痛苦和愤怒，为了抓住眼前的一斤一两的利益，殚精竭虑，有这么多束缚，怎么能腾出心里的空间追求更高的真理，得到更大的成果呢？

曾子自称"吾日三省吾身"，必须不断地反省昨天和今天的自己，才能成为更好的人。耶稣也说，无论谁想要成为他的弟子，必须做到"每天都否定自我"。在他们看来，要放弃很多东西才能认识并获得真理。只有放弃自私狭隘的欲念、充满了偏见的自我意识，才能看到真理，收获内在的和谐。这样的自我否定，往往要在孤独的心境中才能完成，而不是在和喧嚣杂乱的世界打交道时……因为孤独的时候，人才能接触到自我，才能看到自我意识中充满了偏见和狭隘的想法。远离每一个浮躁浅薄的欲望，并不断否定错误的自我意识，执着自己内心确定的目标，大我才能获得掌控心灵主导权的胜利。

你能想象玄奘取经路上过的是作威作福的钦差生活吗？每天吃五喝六、大吃大喝的人，固然在世俗中会变得很圆滑和狡狯，但是遇到真正的人生考验时，目光短浅和刚愎自用的人就很难有坚强的意志跨越过去，动不动就会像猪八戒一样打定主意回高老庄去了。因为他们把自己随时产生的欲念当信条，热衷于色欲、食欲、睡欲等，意志力弱，怎么可能数十年如一日地行之千里？孤独的人才是有信仰的人，而且他的信仰就是为了信念可以放弃一切。

学会与孤独做伴，就是为了让大我掌控心灵的主导权，去追求人生真正有价值的东西，打败小我产生的变化不定、动荡浮躁的情绪，内心保持平和安宁，从而不再以自我为中心，能看到自己和世界上的其他人及事情的真正关联，找到通向成功的路径。可以这么说，真正的成功都是大我战胜了小我的结果。

有些路，最好一个人走

人的一生中，总会遇到一些特殊的时刻。

命运突如其来，像一场不期而遇的大雪，遮天蔽日，势不可挡。人在这一刻被从熟悉的世界剥离，对自我的认知、对生命的目的都应声崩解。

我曾沉迷于一个热门网络游戏，有个亲密的战友叫小月。她的角色是辅助型职业，专司治疗、加持等工作，我们都是红着眼睛的狼，遇见不同阵营玩家便疯了似的扑上去撕咬，哪怕对方等级高出许多。小月的神通就在此时显现，有她在身后，不必担心轻易"扑街"，甚至不用腾出太多精力保护她，她有足够的技巧保护自己。每当在野外干掉几个落单的敌对阵营玩家，我们便输入"跳舞"的指令，围着"尸体"活蹦乱跳，肆意庆祝。而小月则猫哭耗子假慈悲地跪在地上哭泣一阵。

这样的日子如清水般流淌，大家的联络逐渐从游戏扩展到了社交平台和通信软件。语音聊天时，在一群说粗话的聒噪的糙老爷们儿腔里，偶会飘出一个南方口音的女声，软软糯糯，又有些弱弱地向大家问好，顿时万籁俱寂，等待下文。若有不识相的插嘴，公会会长便会操起一口火暴的陕西话破口大骂："闭上屁嘴，听小月说。"

禁不住软磨硬泡，反复哀求，小月终于在群里发了一张照片。是一张证件彩照，长发马尾，上面的女子大眼樱唇、娟秀明媚，流露出暖水一般的温情气息，只是五官间能看出岁月的痕迹。小月似是不那么自信，又怕惊到大家，连忙补充道："我已经38岁了。其实你们该叫我老月的。"

群里像往常那样安静了片刻，突然有人插嘴道："我35岁，娶你来得及。"话音还没有落，会长再次操起一口火暴的陕西话破口大骂："闭上屁嘴，我先来的。"

小月笑得咯咯的，似一颗银珠滚落玉盘。自此，大家愈见熟络，我们也逐渐了解了她的情况。她离异单身，在银行工作，带着一个9岁大的儿子在苏州生活。稍显沧桑的经历非但没有消解大家对她的好感，反倒好像增加了几分掺杂母性气息的魅惑。毕竟，玩游戏的男人们骨子里都是群大孩子。

直到有一天，公会的队伍约定去攻打一座地下城，组织人手的过程异常顺利，万事俱备，就欠治疗能力最强的小月，却迟迟不见她上线。随着时间一分一秒过去，队伍骚动起来，有人急着上床睡觉，有人想着和老婆温存，有人红着眼睛等着拿装备。会长似觉有异，虽然只是一场游戏，但小月从不爽约。那晚的战斗异常顺利，没费多大劲便刷通了关卡，但似乎少了点什么，拿装备分金币的时候，大家都有点没精神，连分赃不均的争吵都没有。

小月再也没有出现。

直到某天，她突然挤进公会语音聊天频道，吓了所有人一跳。大家七嘴八舌地缠着她问东问西，有人调情，有人担心，有人抱怨。小月依旧那么咯咯地笑着，说自己要去做件事，可能要正式离线一段时间了，希望自己回来的时候，大家都在。频道里没几个人多想，以为她要移民或者做生意什么的，纷纷恭喜发大财，只有我们几个相熟的人听出她笑声里的僵硬，私下密聊，探问究竟。

"我得癌了，胰腺上的，要去做手术。听医生说，会有一定风险，所以跟身边的人都说句话，害怕以后没机会。"

"需要帮助吗？"

"要是有个万一，记得在我墓碑上刻下游戏角色的职业、能力和等级，再加一句'为了联盟'。"小月还是咯咯地笑着。

"那你的孩子怎么办？"

小月深吸了一口气，声音终于不那么从容，沉默了片刻才说："有他姥姥照顾。不行的话，跟他爸爸过也可以。他是个坚强的孩子。"

我不记得那晚还聊了些什么，小月始终在笑，话比平常多了很多，态度也不再那么保守。临收线之际，我们彼此互祝好运。我突然产生了一个强烈的冲动，说："我们一起去看看你吧。"

小月还是嘿嘿两声，说："不用啦，记得封我一个公会终身首席牧师就好了。"

她顿了一顿。

"这最后一段路，我自己走过去就好。"

这最后一个字，被压抑的哽咽拖长了尾音。她迅速地下了线，从此悄无声息。

这晚后，我不再频繁上线，把更多的时间用在了写字、读书和加班上。并不时地想起那个远方的女子，但也没有引起太大的情绪波澜，毕竟萍水相逢，素昧平生，只是偶尔会叹息生命的脆弱。

一周前，我登入阔别许久的游戏，会长揶揄道："哎哟，难得你亲自打游戏，要不要我亲自把你开除出去？"

我毫不示弱，反唇相讥，两人交火几个回合后才发现，小月竟然在线。

"你什么时候上来的？"我震惊地问道。

"比你早多了。"小月发来一个狡黠的表情。

"情况怎么样？"

"秀墓碑的希望是破灭了。"她哈哈大笑着，与往日大相径庭。言罢，她诡秘地问我，想不想看她现在的样子。

得到肯定的回答后，一张照片从网上传了过来。上面的女人面目依旧，只是胖了许多。

"我妈说，这个形象才符合我的年龄。"

"会恢复的，只是药物激素的作用。"我试着安慰道。

"懒得管，医生说我活到60岁没问题。"她又接着补充道，"不许告诉公会其他人，我还指望用以前的照片骗装备呢。敢泄密，以后休想我再给你加一次血。"

不知怎么的，我和她的对话渐渐变成了兄弟一般。小月的确变了，不那么矜持谨慎，说话也不再怯生生的，某次争抢装备，她迸出半句粗口又拽回嘴里。面对公会语音频道里一片因为震惊而导致的鸦雀无声，她怯生生地冒出一句："我说错什么了吗？"

"没错，说得好。"会长带头赞道。

耳麦里一片欢腾。

她的生命剥去了一层软壳，露出底色反而更加坚实。这个女人独自跋涉过空无一人的黑暗，却从未将忧惧与软弱示与他人。拨开迷雾之后，小月似乎更加通透了、明朗了。她告诉我，她现在空前地热爱孩子和家人，前所未有地释怀、轻松，就连那个风流出轨的前夫，居然也变得稍稍可爱了一些。

"我的时间不多了，来不及用在幸福以外的地方。手术前的那些日子里，我常常背着孩子哭到天明，感觉自己好孤独、好害怕，还想过自杀。你知道后来怎样了吗？"她得意地哼哼笑了两声，"当你的情绪坠入最低谷的时候，就会变成再没有什么可以失去的亡命徒。一旦习惯了这种状态，反而变得无所畏惧起来。独自走过这一段后，我感觉很幸福，比过去更加幸福，也没人能阻挡这种幸福。就算只能活到 60 岁又怎么样？也架不住我质量好啊。"

她说话真是越来越像我们了。

你的苦并不特殊

中国中医研究院的科学家屠呦呦是中医界的权威。在媒体尚未大幅报道她获得诺贝尔生理学或医学奖之前，这一论断对于那些热衷于讨论中医的人都是陌生的。不过，即便新闻上到处说某个人获得了诺贝尔奖，人们也只是看到诺贝尔奖这个神奇按钮又一次发挥作用，给过去在大众眼里籍籍无名的某个人瞬间贴上了"大师"或"权威"的标签。诺贝尔奖成了名人制造工厂，人们又开始议论：

"下一次要到什么时候，中国人才能再得到诺贝尔奖呢？"

得奖只是某一天里用几分钟来宣布的事情，对于别人来说，这一天好像改变了诺贝尔奖得奖者的命运，但是对得奖者自己而言，这一天是过去的每"一天"的累积。它是这个样子的：每一秒的奋斗累积成一天，一天接着一天的持续作战，又累积成一个星期、一个月、一年，原来在山底下充满好奇的少年，不知不觉中成了站在巅峰上的满脸皱纹的老者。人们把他叫作"权威""大师""成功者""总统""王"，把他搬进名人堂，为他修建雕像。

"我不过是连续许多天的努力，才成为'今天'的我，没什么了不起……"当媒体采访他们时，他们总是会说出类似这样的谦虚的话。

简而言之，他们的成功就是无数个打碎的一天都在拼命地努力，把自己的极限潜能发挥出来，最后黏合成"成功的传奇人生"。

有多少人是山底下充满好奇的少年？面对梦想与现实之间的差距，常感到挫折。人们总想在短时间内成名，那不是不可能，但是需要很多因素的黏合，包括时间、人脉、舞台、运气、表现好坏、媒体兴趣、社会气候、人心趋势等多方面。指望炒股发财同样也要对股市走向做严苛的分析，而且还要结合时代经济气候、国家政策、突发事件等进行全方位判断。除了偶然的运气，没有哪一次成功是突然砸到头上的金蛋，肯定是那个人做了各种准备，忍受了很多苦，在锻炼中提高能力之后，正好满足了上帝发奖的标准。

"正好满足了上帝发奖的标准"就是衡量你能不能成功的重要因素。日本麦当劳的巨头藤田田拥有超过3000家连锁店，每年的营业额能够突破数十亿美元的大关，然而他早期只不过是个普普通通的打工仔。在他工作了六年之后，存款仍不足五万美元，这个时候，美国品牌麦当劳正在实施它的全球战略，开始进军日本。刚过30岁的藤田田看到了连锁速食店的潜力，不想错过这个机会，但是，麦当劳总部要求经营者必须拥有七十五万美元的现款和一家中等规模以上银行的信用支持。七十五万美元啊，毕业才几年的他只有五万美元积蓄，他到处借钱，但是五个月过去后，也只借到了四万美元，和要求差得太远。无奈之下，他去求助银行。当他走进住友银行总裁的办公室，诚恳地说出自己的困境以及创业计划时，银行总裁却打发他走："你先回去吧，让我再考虑考虑。"他一咬牙，仍厚着脸皮恳求："先生，能否让我告诉您我的五万美元存款的来历呢？"银行总裁很难拒绝客户这样的诉求，就同意了。"这是我六年来每月存款的积累。"藤田田说出自己的苦恼："从我毕业开始，我每个月都会坚持存下三分之一的月薪，从来没有漏存过一次，就算手头上很紧张或想要过度支出，我都会咬紧牙关，克制欲望，遇到额外的支出，我宁愿向别人借钱，也会照存不误。我坚持做到按月存钱，是因为在我毕业的时候就立下宏愿，要以十年为期，存够十万美元，然后自创事业，出人头地。现在机会来了，我必须提早创业……"他说了十几分钟，几乎把自己为了存钱忍受的苦都倾诉出来了。总裁仍然让他先回去，不过这次说下午就会给答复。

年轻的藤田田离开了银行总裁的办公室，仍心怀最后一丝希望。谁会希望自己受的苦得不到回报呢？银行总裁立刻去了他存钱的那家银行，亲自了解实情。柜台小姐听说总裁打听这个人，就赞不绝口地说："他可是我接触过的最有毅力、最有礼貌的年轻人哦，六年来，他每个月都会到我们这里来存钱，从来没有断过，这么严谨的人，我真是佩服得五体投地！"银行总裁很动容，迅速拨打藤田田家的电话，告诉他住友银行会无条件支持他创建麦当劳的事业。藤田田不敢相信，问银行总裁，为什么决定支持他？银行总裁以羞愧的口气说："我今年58岁了，还有两年就要退休，论年龄，我是你的两倍，论收入，我是你的30倍，但是到现在为止，我的存款还没有你多呢，论意志力，我自愧不如啊……年轻人，好好干吧，我敢保证，你会很有出息的！"

这个只有五万美元存款的年轻人，凭一个月接着一个月连续积攒的"信誉"，获得了银行总裁的青睐，得到帮助，从而开创了他的麦当劳事业，成为日本麦当劳连锁店的霸主。假如他断了一个月呢？没有假如，成功的人永不言苦，也不言败，就是凭日复一日的坚持，"正好满足了上帝发奖的标准"……

　　拥有梦想没有什么了不起，即使一个乞丐也曾想过有朝一日成为亿万富翁，但是，有多少人能"一天"接着"一天"地脚踏实地地累积？做到"一个月"接着"一个月"的人品信誉累积？熬过"一次"又"一次"的困境，不言苦，也不言败？如果一个脚印接着一个脚印，坚持走到巅峰，就能成就"无限风光在险峰"的传奇人生。

　　每个人都活在今天，活在当下。这一天的二十四个小时之内充满了考验，也不时会遭遇挫折，感到老天好像总是和你过不去。得过且过是一天，奋斗拼搏也是一天，但是如何度过这一天的二十四个小时，能否挺过痛苦的每一秒，成为成功者和失败者的分水岭。

　　再看一眼梦想和现实之间的距离，这个差距有多大，人就要受多少苦。无数个连续的现在，缔造了未来。妄想一步登天的人，忘记了那些站在巅峰的人是"正好满足了上帝发奖的标准"。达不到这个标准，就要继续受苦，将汗水存进你交给上帝的信誉存折，直到上帝有一天打开看到："咦，这个人达到标准了，可以发个赞赏奖、好运奖、财富奖！"你就离成功不远了！

孤独不是不快乐

"有没有人陪陪我？我很孤独。"

在除夕夜，群里有一条消息在闪烁。夹杂在琳琅满目的表情和金光闪闪的红包中，这句话，是那么落寞。

我回复她："我也是一个人守岁，2016 年新年快乐！"

2015 年的她，过得并不顺。

毕业之后，她一个人在北京工作。菜鸟新入职场，总是茫然，说多错多，直到年尾都还没与部门磨合好。前不久又跟男友分了手，原本两人合租的小公寓，剩她一人承担房租，经济和精神压力都陡然增大。

北京城那么大，她那么小。每天从东五环到北四环来回穿梭，地铁、公交、双腿，灰霾的天空也是她沉甸甸的心境。

几个小时前，她在朋友圈里更新了一条："不知道从何时开始，自己有了抬头纹；也不知道从何时开始，会对着空荡荡的屋子一个人发呆；办公室里永远只有利益争夺，找不到一个可以说知心话的人。

原来，一个人孤独地生活，是那么累。"

我想了想，私聊她："亲爱的，你不是孤独，你只是孤单。"

是的，孤独和孤单是不一样的。孤独，是一种写实的客观状态，仅仅是自己与自己相处；而孤单，带着一股自伤的悲苦，是独坐一隅，却向往繁华万千。

我想起了一个在历史上赫赫有名的女人，她权倾天下，却主动选择了孤独。

她，就是为英国带来历史转折点的"童贞女王"——伊丽莎白一世，都铎王朝的最后一位君主，英格兰与爱尔兰的女王，也是名义上的法国女王。

1533 年 9 月 7 日，伊丽莎白出生了。她是英王亨利八世和他的第二个王后安妮·博林唯一幸存的孩子。

3 岁那年，她的母亲安妮·博林被以叛逆罪处死。伊丽莎白被宣布为私生女，从"伊丽莎白公主"变成了"伊丽莎白·都铎小姐"。她成年后，亨利八世驾崩，她的兄弟爱德华继任，而爱德华六世病逝后，她同父异母的姐姐玛丽一世登基成为女王。

出于猜忌，玛丽将伊丽莎白先关进伦敦塔，后软禁在一处庄园中。但由于玛丽婚后长期无子，英国国会重中了亨利八世国王规定伊丽莎白作为继承人的安排。

1558 年，玛丽一世逝世，伊丽莎白继位。这一年，她 25 岁，青春韶龄，芳华正好。就像童话中讲述的那样，各国的国君、王子、王公贵族纷纷向她捧上娇艳的玫瑰，求婚者多如过江之鲫。

这份求婚名单里包括伊丽莎白的前姐夫西班牙国王腓力二世、法国国王查理九世的弟弟阿朗松公爵、奥尔良公爵亨利，还包括一个她深爱的男人——莱斯特公爵罗伯特·达德利。

早在童年时代，伊丽莎白就与罗伯特·达德利相识了，两人还是同月同日生，放在现在的言情小说里，他们是青梅竹马，他是她的真命天子。当伊丽莎白被关进伦敦塔时，罗伯特为了追随她，心甘情愿一同被囚禁。

这样的爱情，可谓情深意重、生死相从。

然而，当时的英国正处在一个岌岌可危的地位。一是国内新教徒与天主教徒的矛盾原本已白热化，玛丽在"黑色星期五"对清教徒大开杀戒（这就是"血腥玛丽"一称的由来），更是让两种信仰处于你死我活的对立状态，并严重影响了英国的发展；二是英国在当时的欧洲并不算强盛，法国、西班牙等国家都虎视眈眈。

如果选择了外国王子，英国就无法保持中立的外交政策（如姐姐玛丽一世和西班牙国王腓力二世的婚姻）；如果嫁给一个英国人，则会加剧宫廷内的宗派斗争。在这种情况下，伊丽莎白出人意料地对举国上下发了一个誓愿将终生不婚，保持童贞："我只可能有一个丈夫，那就是英格兰。"

在都铎王朝时代，女人一生不结婚是件无法想象的事情，单身终老的女人会被人当成"怪物"一样嘲笑。当时的社会认为，任何女人都需要嫁一个丈夫作为自己"精神和情感的向导"，女人不嫁人会严重有损自己的健康。

为此，伊丽莎白女王付出了重大的代价。

来自英国和欧洲各地的各种谣言，伴随了她整整一生。有谣言说她有许多情人，甚至生过许多孩子；还有谣言说她是一个怪物，有六个手指头，还是个秃头；更为离奇的谣言说她其实是个男人，或一个半男半女的阴阳人。

不过，这些八卦消息只能吸引我们的眼球，而伊丽莎白宽容、睿智的治国之道才会引起我们更大的兴趣和思考。

在她的统治下，天主教和新教兼容并蓄，政治基础稳固。她成功地保持了英国的统一，而且在经过近半个世纪的统治后，使英国成为欧洲最强大和最富有的国家之一；英国的航海业获得大力发展，打败了西班牙的"无敌舰队"，获得了海上霸权；英国的国力日渐强盛，在北美洲建立了殖民地；同时，英国的诗歌、散文、戏剧进入了空前繁荣的时期，涌现出了诸如莎士比亚等许多著名人物。

许多年后，伊丽莎白时代被历史学者们称作"黄金时代"；而伊丽莎白一世，被普遍认为是英国历史上最杰出的帝王之一。

终生未婚，换到现在的语境里，那就是"剩女""老姑娘"，身上早被贴上了"打包奉送""一折跳楼价"的标签，但伊丽莎白空虚、寂寞吗？并不。

她精力充沛，是个不知疲倦的骑手；她最爱和男性大臣们一起骑马打猎；直到晚年，伊丽莎白还经常一大早就在王宫花园中不知疲倦地散步；她热爱文学、戏剧、哲学，亲自翻译了霍勒斯的《诗歌艺术》，伊丽莎白生前的一些演说和翻译作品至今仍在流传……她用她的生命，诠释了什么是"享受孤独"。

不知从什么时候，"孤独"这个词，在微博、朋友圈、QQ签名等网络媒体一夜风靡。

有时候，它的意思是"我独自在家，感到空虚寂寞冷"；

有时候，它的意思是"我遇到一个坎儿，很痛苦很无助"；

有时候，它的意思是"我生病了，渴望一碗送到床前的热汤"；

还有的时候，它的意思仅仅是"虽然身边有很多人，但我依然感到很无聊"。

姑娘，别再这样自怜，最悲苦的孤独不是身边没有知己，而是心中遗弃了自己。成为自己心灵最忠实的朋友，你将肆意享受生命的每一刻，你将会懂得"I'm alone,but not lonely（我独自一人，但并不感到寂寞）"。

在安静中沉淀出力量

许久不见的表妹更新了朋友圈状态。

"在云与山之间，聆听风的声音。"配图是一张深山寺院，苍松古柏，青石板，一缕阳光从树梢透入，点点落在石阶上。

这时的表妹，正在寺院中进行一年一度的静修。七日止语，只默然内观，与道友们不得不交谈时，便借助纸笔。

很难想象，三年前的她还是一个不能忍受一刻安静的人。

朋友聚会上她是话最多的那个，两片红唇似乎从未合上过；一个人下班回家，总要不断刷微博，发微信、QQ，热闹的群就有三五十个；回到家，立即将电视打开，调高音量，这样下厨煮饭时也能听到主持人的插科打诨。

表妹一度为这种热闹而自豪。她在一家大型企业做营销，越外向，越有表现力，越容易在这一行得到认可。

不过，这种自豪感很快被打破了。那是在一次相亲的饭局上，对方是一位高校历史讲师，高瘦、内向、不善言辞。从社会形象到性格，两人截然不同，甚至表妹的年薪还高出对方两倍，她却偏偏一眼就相中了对方。

和介绍人表达了愿意继续交往的意图后，表妹很自信，就等着高校历史讲师联系自己。毕竟，她年轻、貌美、时尚，收入高又能干，算是"低就"了。没想到，介绍人捎回来的却是一句"不太合适"。表妹难以置信，抓住介绍人非要追根究底，介绍人避不过才吐出一句："他说，你太吵了。"

其实，这只是一件小事，但对于从小到大一直顺风顺水的表妹而言，这件事不亚于豌豆公主七层垫子下的一粒硬豌豆，硌得她吃不香、睡不好，整整消瘦了一圈。实在排遣不开，她便休了年假，参加了一个北方禅宗名刹的禅修营。

"其实是赌气。"表妹后来笑着解释，"他不是嫌我吵吗？我就非得让他看看我文静的样子。可是习惯了被各种讯息包围，一静下来就忍不住抓手机，要么发个微信语音，要么刷刷微博，要么打开淘宝。一想，这样不行，不能让人看扁了，干脆就在网上搜了一个禅修营，第二天就坐飞机冲过去了。"

禅修营规矩严格，表妹刚一报到就被"没收"了手机、钱包和iPad等电子设备，时尚的当季衣裙也换成了宽大飘逸的海青。一开始，表妹还觉得挺新奇，但才过去几个小时她就感到不适应了。

"我会习惯性地摸手机，一伸手，咦，兜哪儿去了？低头一看，哦，这衣服压根儿就没兜儿；禅修时要求数息，一呼一吸算一次，21次算是一轮数息，我哪儿静得下心来去注意自己的呼吸啊，脑袋里不是转着业绩、项目，就是正在追的电视剧；每一堂禅修中间会有20

分钟的休息时间，规定弟子之间不能交谈，我老记不住，一不留神，话就脱口而出；吃饭的规矩更严格，全程禁语，义工送粥来，要稀一点的就把筷子横着放，要稠一点的就竖着放，吃饭过程中不能发出声音，还不能站起来，一旦站起来就视为这顿饭结束，对了，三餐之外还不能吃任何东西，水倒是可以喝……"

如此严格的规矩对于表妹不啻于"苦刑"。前四天，她的眼睛老往围墙上盯，琢磨着怎样才能弄点钱，翻墙出去买点烤串开开荤。要不是天生倔强不服输，估计早就打退堂鼓了。

一切，在第五天发生了转变。

经历了四天心猿意马的盘坐，她的腿终于不那么酸痛了，不知不觉地，竟然心无旁骛地数完了一轮呼吸。

21 次呼吸，不过一分多钟。但就在那一分多钟里，外界的声音骤然消失，万籁俱寂，而她看到了内在的自己。"我们活在一个信息量巨大的世界，我们也习惯了在信息的海洋中逃避问题。失恋了，疯狂刷美剧；加薪了，约上所有朋友去 KTV；无聊了，打一盘游戏……从来没有一刻，我们真的会静下来，与自己相处。"

七天的禅修营结束了，表妹领回了寄存的物品。手机上堆积了几百条微信、上千条 QQ 和几十封工作邮件，换了从前，她会为自己错过这么多讯息而焦虑。但这一刻，她忽然觉得其实没有那么多消息非要自己处理，非要自己处理的那些一件件去进行就好了。

回到公司的表妹，好像并没有变，她还是和从前一样风风火火，办事干脆利落，有着极好的口才与说服能力。她能看到客户的真实需求，寻找大家都满意的双赢。

她又似乎不知不觉改变了。回到家，她不再立即打开电视，而是点燃一炷檀香，播放一曲古琴，细致而放松地做饭、整理家务。她开始每日阅读——按亮一盏落地灯，读一本优美而经典的书籍，丰富自己的内心。

"那时，我才了解到安静是一种巨大的力量。

"印度圣雄甘地，是典型的内向性格，他曾经每周抽出一天来不说话，他相信沉默带给他内心的平静。他沉默时，靠在纸上写字来交流。从 37 岁开始的三年半里，甘地拒绝读报纸。他认为尘世的喧嚣比他内心的不安更加不堪。

"还有那位引爆美国黑人民权运动的罗莎·帕克斯——1955 年，黑人女裁缝罗莎·帕克斯在公交车上拒绝给白人让座，被捕入狱。因为她的勇敢，美国黑人开始团结起来反抗种族歧视，最终赢得了与白人平权。其实，现实生活中的罗莎是一个身材矮小、说话轻柔、羞怯又谦卑的女人。一个人怎么能既羞怯又勇敢呢？罗莎写了一本自传，书名就是答案：《安静的力量》。"

表妹微笑着，从容不迫地向我讲述着这些典故。这是她的感悟，也是我想要告诉你们的话。

这个社会，节奏过快，光怪陆离。我们不停地为生活、为工作、为家人而奔波，闲下来，也从未好好反观自己。然而，越是忙碌的生活，我们越需要在安静中汲取能量。成长的岁月里，若曾有过安静的体会，将会成为一生的美好记忆和坚持下去的力量。

安静是浮躁的对立，而浮躁来自追逐的欲望。当一个人按捺下纷纷的欲望时，向内观照，他就容易静下来，获取一种内在的力量。有了这种力量，无论外界如何翻江倒海、斗转星移，他都能走出自己踏实不变的步伐，一步一个脚印，笑看风云。

让我用诺贝尔文学奖得主、著名诗人泰戈尔的一句话作为收尾吧："外在世界的运动无穷无尽，证明了其中没有我们可以达到的目标，目标只能在别处，即在精神的内在世界里，在那里，我们最为深切地渴望的，乃在成就之上的安宁！"

唯有安静，才可以让你"看见"别人，听见自己内在的声音。

世界那么大，你要去看看

周五加班完，我搭乘夜班地铁回家。

这一站，车门开启，几个妆容精致、打扮时髦的女孩上来，在我面前站成一排，嘻嘻哈哈地聊起天来。

"你们说 A 是不是脑子有毛病？上面都决定让她去总公司了，她却突然辞职。"

"不是失恋了吧？"

"才不是，她是要去过 gap year（间隔年），要一年内背包走遍印度、尼泊尔和东南亚。"

"不会吧，她也学那个河南女教师玩情怀？'世界那么大，我想去看看'，也太文艺癌了。"

A 很快淡出了她们的谈话，女孩们的兴趣转移到了护肤品、公司里的人际关系和娱乐八卦上。而我闭上眼，脑海中出现了一部叫《朝圣之路》的电影。

西班牙的圣地亚哥埋葬了耶稣十二门徒之一的雅各，从此，这座城市就成为天主教的三大圣城之一。而从西班牙与法国交界的比利牛斯山开始一路前往圣地亚哥的德孔波斯特拉大教堂朝圣的 800 公里路程，就是虔诚天主教徒们心目中的"朝圣之路"，又称为"圣雅各之路"。

美国医生汤姆就踏上了这条朝圣之路。

汤姆不是一个爱远足的人。作为一名炙手可热的眼科大夫，即使在经济动荡的年代，汤姆也能在自己的诊所得到令人眼红的高收入。

然而，这一次他不得不上路了。因为他的儿子丹尼尔在比利牛斯山遭遇暴风雪，不幸遇难了。他必须去领回儿子的遗体。

在儿子出发之前，汤姆和丹尼尔曾有过一次争论。汤姆质疑丹尼尔在过"无用"的生活，而丹尼尔反驳道："你没有选择生活，你只是在过生活。"

骨灰盒拿到手了，汤姆突然改变了主意，他决定不马上回美国，而是带着儿子的骨灰走完这条朝圣之路，完成儿子的遗愿。

在路上，汤姆遇见了一个写作遇到瓶颈的爱尔兰作家、一个希望借朝圣减肥的荷兰胖子、一个愤世嫉俗的希望戒烟的女瘾君子。几个各怀心事的人，最终相互扶持着走完了全程。

没有奇迹发生。灵感没有从天而降，胖子没有变得苗条，死者更不可能复生。但在教堂祷告之后，他们都发生了奇妙的转变：

女人接受了自己的烟瘾；胖子决定去买一件新西服来配合自己的身材；而汤姆，第一次理解了儿子，接受和认同了儿子。

在海边，汤姆把儿子的骨灰撒入大海，脸上露出平静的微笑。转身之后，他决定要行走于世界的各个角落。这一次，他选择了生活，而不再被生活选择。

想起这个电影，是因为它为行走和旅行正了名。

这几年，文艺成了一个带有讽刺意味的贬义词，一说到文艺青年，大家心目中联想到的是"绿茶"、矫情、伤春悲秋、不食人间烟火、私生活混乱等……而旅行也惨遭捆绑，成了文艺青年们的标配。

可是，旅行本身是一件多么勇敢而美好的事情啊。

旅行会改变心态，让你看到不一样的世界。

如果你从小到大都生活在同一个地方，你的生活经验就会被固化，可是走出去看看，你会发现世界上有那么多不同。在上海，人们坚信浓油赤酱才是人间至味，朋友之间 AA 制精细到几分几厘是理所应当的；在东北，各种乱炖才是美味佳肴，朋友聚会埋单时提 AA 制那是瞧不起人；在香港，最受人推崇的"狮子山精神"是勤奋努力；而在成都，太阳一出来，连正在谈判的客户都会不自觉提议"走，去河边喝茶"……看到不一样的世界，你的心会变大，人也会变得宽容。

旅行让你拥抱未知的世界，顺其自然，随遇而安，而不畏惧未知的世界。

再没有比旅行更能出幺蛾子的了。就算是再理性、再有规划的旅行达人，也难免会遇到各种意外：在野外露宿时，被毒虫或蛇咬伤；在登山或溯溪时，扭了脚或摔伤；在热闹场合感受异域的节庆气氛时，钱包和手机却被偷；买了联程票，却遇到飞机、火车、汽车等晚点；自由行时，在陌生的城市迷路……然而，正是这些始料不及的意外逼迫着你，从一个毫无规划的家伙变成一个计划达人，从一个花钱能手变成省钱高手，从一个路痴变成地图专家……你的能力越强，你就越自信，越不畏惧未知的世界。

旅行可以教会你从无字处读书，不做井底之蛙，扩大视野，走向世界。

记得《甄嬛传》中的那些宫斗戏吗？一个个如花似玉的女人，将自己全部的聪明才智都用在了死磕情敌上。那是因为，在她们的上方，就只有那么一小块蓝天。她们的世界，就只围着那么一个男人。如果让《甄嬛传》中的女人们活在现代，我相信，甄嬛、皇后、华妃、安陵容、眉庄……那些性情各异的女人，一定能为自己独特的美好找到安放之处，在社会中杀出自己的一片天地。同样地，当你在公司中为那十几个人的钩心斗角而烦躁，回到家乡为三姑六婆的闲言碎语而苦恼时，不妨走出去看看。当你见识过大山大水之后，你就会有高山一样的胸怀。

旅行教会你谦卑，带你走出安逸之乡，以一种全新的方式感受世界。

还有什么能比陌生的旅程更容易塑造一个人的谦卑？那些陌生人让你旁观或者融入一种完全不同于自己的圈子的新鲜生活；那些旅途中犯过的错，让你受伤、难过，最终选择了改正与完善自我。渐渐地，你学会了谦卑，懂得在这个世界上，不同的人过着不同的生活，有着不同的理念。

"让旅行开启一段新的生活"，这句话的意思不是说旅行将为我们带来好运，更不是说在旅行中你会遇到一个灵魂伴侣——尽管这些也有可能发生。归根结底，我们的出发是为了在旅行中与自己相处，看到自己，接纳自己，最终，完善自己。

诚如台湾美学大师蒋勋所言："我害怕生命成为固定的模式，变得僵化刻板，一成不变。我想从一切熟悉封闭的环境中出走，生命一定还有其他的可能。日复一日的原地踏步，只会增加生命的腐烂萎缩。

只有不断出走，不断重新出发，才能保有活泼、健康而年轻的生命力。"

谁不曾被远方旅行潜在的变化力量所吸引过呢？就用作家艾瑞克·温纳在他的旅行书《洪福地域》中的一句话来收尾吧："我始终相信幸福就在角落，而窍门是找到正确的角落。"

专注当下，享受独自一人的时光

几个月前，一篇文章在微信朋友圈被转疯了：《连高木直子都结婚了，你还在单着！》

读过高木直子绘本的人，看到这个标题都会会心一笑。高木直子以"一个人"的系列作品蜚声国内，《一个人上东京》《一个人的第一次》《一个人的美食跑跑跑》等，而让她被中国读者认识的是《一个人住第五年》，后来又延续到《一个人住第九年》，再后来干脆变成了《一个人住的每一天》。

就在大家习惯了她的"一个人"，用她的书来作为都市单身打拼的安慰剂时，她突然结婚了！

怪不得朋友圈里一片哀号，这是对单身狗的"花式虐狗"行为！

可是，有这样的一天，我一点都不惊讶。

因为身材小小的高木直子的身体里蕴藏着巨大的能量。她早已学会了怎样爱自己，然后才能与最好的爱人相遇。

1974 年，高木直子出生于日本三重县四日市，身高只有 150 厘米。中学一年级时，她被美术课本中班本·沙恩的画所感动，就立志成为一个画家。

为了自己的梦想，毕业之后，高木直子到了东京。那时候的她，只是一个内向而害羞的乡下姑娘，对于东京这个五光十色的国际化大都市还感到有些惴惴不安。由于经济拮据，她租住在东京一间较为偏远、交通却还方便的小公寓里。公寓狭窄到什么程度呢？爸爸来探亲时，她只能在厨房流理台下铺一个地铺给父亲睡。好在日本都是榻榻米，睡地铺并不冷。

一个人住，总是有许多窘迫与辛酸。而高木直子的"一个人"系列作品，就是将生活的这些点滴活灵活现地呈现出来，只要你曾经一个人住过，就一定会又哭又笑地看下去！

比如，一个人煮米饭，总会煮多，倒掉又浪费，怎么办？高木直子把米饭分成好几份放在保鲜盒里，在冰箱里冻起来，要吃时拿出来在微波炉里"叮"一下就行啦！

一个人住，察觉快要生病的时候，要赶快冲去超市买上六七天的生活用品，包括药物、抽纸、维生素片、退烧贴等，再赶紧冲回家，趁着还能动弹，做上好几天的饭菜，一一冻起来。接着，就钻到被窝里"躺尸"，等着一个星期的重感冒症状袭来。

一个人住，经济拮据时，去超市买菜常常要货比三家，默默盘算不同品牌的货物中哪个比哪个便宜。

一个人住，偶尔不小心看了恐怖片会害怕得睡不着觉，翻来覆去，总感觉流理台的水龙头滴个没完，窗帘背后总像是藏了一个人。

点点滴滴，说起来都有酸楚。可是高木直子的绘本里没有一丝一毫的自怜与哀怨，只有轻松幽默的表达。她甚至告诉我们，一个人住还有这些乐趣：不用跟家人抢浴室洗澡，爱洗多久洗多久；想犯懒的时候，就把零食堆满一小桌，把腿窝在暖被下，看电视里的搞笑节目笑得前仰后合；书籍、本子和零食混堆在一起，没人骂你家里乱；下午突发奇想，打算变换摆设，一口气忙到凌晨 3 点等等。

2003 年 2 月，高木直子因《150cm life》在日本一炮走红。这一年，她已经 29 岁了。哪怕在新潮的东京，这个年纪也是大龄女青年了。那时的她，依旧单身着，不知道她是否经历过爱情的憧憬与挫折。我们在她的书里看到的是经济宽裕后她对自己和人生进一步的探索：

她一个人去山里的寺院，品尝精进料理（其实就是日式素食），走过被白雪铺满的石子路；

她一个人去不同的地方旅行，鼓起勇气走进一般只有男人才去的深夜消夜铺，和不同的人认识，品尝不同地方的日式拉面；

她一个人到海边，报名参加潜水班，一次次跳进湛蓝的大海，后来还拿到了潜水毕业文凭；

她一个人搭乘地方列车的支线，来了一次沿线单身温泉游。有的温泉，就是个屋子里的水泥池子，只有她一个人在里面；有的温泉是日本乡下的露天温泉，就是一个户外的热腾腾大池子，她没好意思进去，却觉得十分有趣；

她一个人锻炼身体，开始用跑步来克服长期伏案带来的健康压力，曾跑过一段 42 公里的马拉松；

她一个人出国，去欧洲，跟荷兰的日本侨民交往、聊天，来中国，去了深圳和沈阳，后来还学了太极拳……

我想，高木直子的作品在中国流行，是因为在她的绘本中，你看不到单身生活的幽怨与颓丧，只看到原来一个人也可以如此寂寞又美好。

其实，痛苦也是有的吧。每一个独自在大城市打拼的人，都曾有过这样的时光——进入陌生的城市，交不到朋友，生病、失恋、失业、经济拮据，看不到未来……尤其，你还是一个人。你只能缩在家中，陪伴你的是冰冷的家具与空白的四壁，说不出的悲观与绝望袭来，灰色的雾霾笼罩着你，你会颓丧，会压抑，会脆弱，会想暴饮暴食，或者食不甘味。

高木直子，一定也曾有过这样的时光。她一定也曾扑在棉被上号啕大哭过，一定也曾看着租房合同和存款焦虑过，一定也动过离开东京回到小镇过平凡日子的念头，然而，最终她还是选择擦干眼泪，微笑着拿起画笔，去捡拾当下发生的、那些短暂而美好的"小确幸"。

这就是奥斯卡获奖电影《当幸福来敲门》的原著作者克里斯·加德纳所提到的"当下的幸福"。加德纳认为，快乐是可以习得的——停止对未来不切实际的幻想，中断对过去喋喋不休的抱怨，我们就能专注于当下，看到日常生活中那些令人愉悦的小事，从而将平凡的点滴转换为乐趣的源泉。而无聊、烦躁、空虚，则是一个人的精神处于失序状态时的糟糕表现。

从这个角度出发，我们会了解到独自一人并不可怕，无论你处于怎样的生活状态，幸福都一直在你身边。前提是，你要不断地学习和努力充实自己，从每一日的生活中汲取并创造乐趣。

高木直子学会了这一点，无论是"奔三"还是"跨四"，她都没有自怜自伤，没有愤怒焦虑。她只是不断地向上、向上、再向上，在旅行、美食、运动和创作中找寻独属于自己的快乐。

当一个人学会了爱自己，爱情还会远吗？

Part 6

我们的征途
是星辰和大海

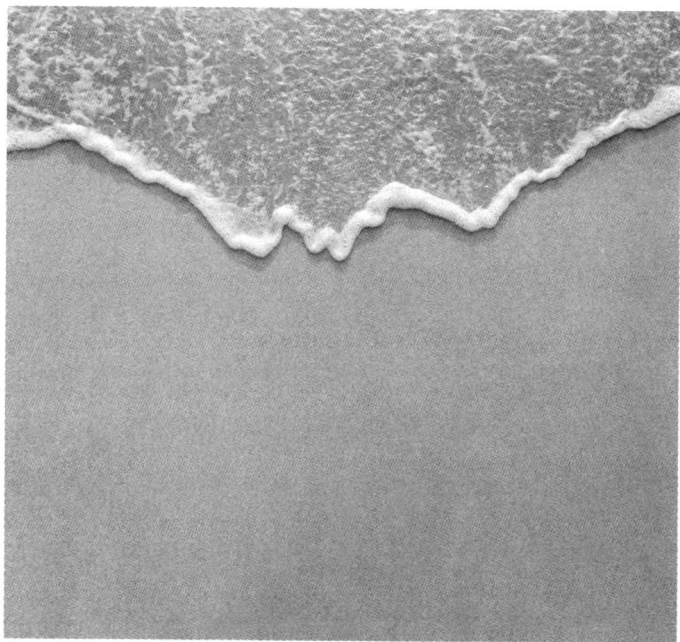

丢掉不舍和执着之后，才会有种前所未有的轻松，如沐春风。

我们的征途是星辰和大海

"人这一辈子，年轻时所受的苦不是苦，不过是一块跳板。人站在跳板上，最难的不是跳下来的那一刻，而是跳下来之前心里的挣扎、犹豫、无助和患得患失，根本无法向别人倾诉。我们以为跳不过去了，闭上眼睛，鼓起勇气，却跳过了。"我很喜欢这段话。

当你感觉痛苦得再也坚持不住的时候，请再咬牙坚持一会儿。迷茫的时候，不知道如何走，那就看好脚下的路，先做好手头能做的事。

程浩说过："真正牛 × 的，不是那些可以随口拿来夸耀的事迹，而是那些在困境中依然保持微笑的凡人。"程浩是谁？ 1993 年出生的时候就被医生告知可能活不过 5 岁，而活到 20 岁的他开始在网络上用真名写自己的故事。

同龄人在幼儿园学唱《小星星》的时候，程浩走遍了北京、天津、上海等城市的大医院；同龄人在玩跷跷板和自行车的时候，程浩被各种高精尖的设备测试、诊断、治疗，还要服用各种难吃又昂贵的药物。

二十年间，医生们一次又一次地下病危通知单，他的母亲用 10 厘米长的钉子将这些病危通知单钉在墙上，权当纪念。

程浩笑着说，自己是一个职业病人。他大部分的时间除了用来看病、治疗，就是看书，并且愿意在网上与人讨论自己对一些问题的思考和看法。那时，程浩体重已不到 30 公斤，身体严重变形，输入电脑里的每一个字都是他用鼠标一下一下点出来的。

2013 年 8 月，他的主页不再更新，他离开了人间。2013 年 8 月 21 日，财经网、新周刊等均在微博上发起了对他的缅怀，众多网友也一同在微博上缅怀他的离去。

我看过程浩在网上的回答，很多见解都很有意思，很多网友也像我一样喜欢他，因为他的幽默和乐观。他背后经历的痛苦没有人能体会，但是我们可以从他的文字中，看到一个善良而坚强的灵魂。

是程浩让很多人明白了，不管在什么境地，人都可以选择。你可以自怨自艾、痛苦纠结，也可以积极乐观地去尝试新出路。一位不知名网友在程浩的网页上留言："感谢你为这个世界做的一切，我们很想你。"

曾经感动很多人的电影《美丽人生》一样给我很多力量。

电影的主角是个父亲，叫圭多，他拼尽全力，在集中营的悲惨世界里为儿子营造美好的幻想。在法西斯政权下，圭多和儿子被强行送往犹太人集中营。聪明的圭多哄骗儿子这只是一场游戏，奖品就是一辆大坦克，儿子天真、快乐地生活在纳粹的阴霾之中。这个善意的谎言给了儿子足够的勇气，度过那段最黑暗的日子。

电影结局时，孩子真的被大坦克解救出来，一脸的幸福，而观众们知道，这种幸福是他父亲用生命交换来的。电影的感人之处在于，作为父亲，圭多不管在多么困难的环境里都要给家人带来点滴的欢欣。在路过集中营的广播室时，他冒着危险在广播里呼喊妻子的名字，他想告诉她，他和儿子都还活着。他趁着做侍者的机会，为妻子播放了《船歌》——这首曾经响在他们定情之夜的歌曲。

正是这些温暖和安慰，让他们一家人都充满了勇气，共同度过灰暗的时光。

因为父亲的爱，儿子才能熬过那段艰苦的岁月，最后，当儿子坐上盟军的坦克时，他的幸福无可名状，而那种幸福，正是他的父亲用生命为他换来的。

此前，圭多把孩子藏在铁箱子里，去找他的妻子。当他被捕的时候想起来儿子在铁箱子里看着自己，他就装出一副滑稽的模样，惹得儿子笑起来，为的就让儿子相信游戏总会结束。随着一声枪响，圭多牺牲了，他的儿子和妻子却获得了解救。当他们在阳光下搂抱在一起的时候，他的儿子说道："我们赢了！"

电影完结，人生还在继续。不管你经历着什么，你抬头看看周围的人，你就会发现每个人都在自己的人生里战斗着。无论怎样，只要我们勇敢、坚强、快乐，人生终究会美丽，我们总会赢。

但愿我们摸黑赶路，却能发光如星。天越黑，星星就越明亮。

要想不被替代，就要不可取代

联合国教科文组织曾经做过一项研究，结论是：信息通信技术加速了人类知识的更新速度。在 18 世纪时，知识更新周期为八十到九十年；19 世纪到 20 世纪初，缩短为三十年；20 世纪 60 — 70 年代，一般学科的知识更新周期为五到十年；而到了 20 世纪 80 — 90 年代，许多学科的知识更新周期缩短为五年；而进入 21 世纪时，许多学科的知识更新周期已缩短至两到三年。

还有一个坊间流传的说法，经过七年，人的细胞就会更新一次，这就是说七年之后就是一个完全崭新的自己，甚至据说和七年之痒都有一定关系。

知识更新的周期短得让人惊讶，这意味着你的技能和知识很快就全面落后了。我们可以主观地回忆一下，现在工作中所用到的技能是不是边工作边学习而得来的？而两到三年前的某项技术现在是不是真的用处不大，甚至完全落伍？一茬又一茬的新人进入你所在的行业，他们有新的思维、新的视野，更有新的技能，而且很可能薪资要求也不高。相比较而言，我们的经验真的没有那么重要，随时可能被淘汰。这就是工作上的压力。

人总是在不断变化中适应社会。三年之后，当你再见老友，他的见闻或者经历完全可能让你刮目相看，原本的丑小鸭如今变成了天鹅，原本的书呆子如今成了公司的高管，原先的文艺少年如今变成了卖菜大叔。

一个人最大的价值、不可替代的地方就是能不断适应各种变化。虽说命运各自不同，但往往是那些能够不断学习和不断进步的人，在往上发展。人与人的差距就是在每天的二十四个小时之内拉开。这种差距拉开之后，就很难维持原先的关系，思想上、视野上的鸿沟会使沟通都成为问题。

要想不可替代，就需要在变化中让自己越来越强大。我们可以来看看同一个人的差距可以多大。

童文红，工号116，天蝎座。2000年，童文红进入阿里巴巴的第一个职位是公司前台，一步一步做到阿里巴巴资深高级副总裁，相比其他合伙人，童文红的经历最具传奇色彩。

童文红在2000年进入阿里，最开始的工作岗位是前台接待。据《中国青年报》2007年报道，在童文红加盟阿里一年以后，国际站的一个团队就请她加盟。又过了几个月，时任阿里巴巴集团首席人才官的彭蕾找到她，希望她去做行政部的主管。

在彭蕾的鼓励下，童文红接受了这份工作，从此一路升至阿里巴巴集团副总裁。童文红接受一家媒体采访时表示，自己是"又傻又天真，又猛又持久"的人，并称这是阿里巴巴人都有的心态，包括马云也是这样的人。

从前台到合伙人，这中间有多少距离？我们都无法想象。从默默无闻，到传奇人物，这里面自然有机遇的成分，但是谁又能说没有个人能力呢？大部分人没有办法复制童文红的传奇，却可以从中得到力量。

我很喜欢的日本纪录片《寿司之神》讲述了另外一个励志的故事。主人公小野二郎已经 90 岁，是全世界年纪最大的三星主厨，他可谓师傅中的师傅、达人中的达人，在日本国内的地位相当高，而"寿司第一人"的美称更是传遍全球。综观他的一生，超过五十五年的时间都在做寿司，因此他对寿司注入的精力及其技巧绝对是世上第一！"数寄屋桥次郎"是小野开的寿司店，店内的食材都是经过精心挑选的，而从制作到入口前的每个环节都经过了缜密的评估和计算。因此，这家隐身于东京办公大楼地下室的小店连续两年荣获米其林三颗星评价，甚至被誉为值得花一生去等待的店家。

这种非常令人佩服的职人精神值得我们学习和思考。

自己的专业技能不断提高，自然就会成为这方面的专家。蔡澜老师说，喜欢一个东西就要不断研究它，当你研究到了一定高度自然，就可以靠它来赚钱了。

不可取代是说自我价值。不可取代的人需要不断地进行自我改造。不妨给自己设计几个系统的计划，可以是专业知识的，也可以是生活技能的，甚至可以是社交技巧的，比如一个看书计划，计划一下这一年要读多少书。

不管环境如何变化，不管知识多么快速地更新，一个人的自我改造意识的系统持续在工作和生活中运作，就不会那么轻易被取代，永远做那个向上的人。

你在变得越来越好的同时，生活和工作自然会以各种方式回报你。

你最大的人脉，就是自己

金星回国开创舞蹈团时遇到各种困难，但是她硬挺着坚持过来了。实在运营不开的时候，她找到最好的朋友，还没开口，朋友就拿出了一张银行卡说："星儿，你找到我，肯定是遇到了坎，这是我存的三十万，你拿去打官司也好，发工资也好，你自己决定，希望你能赶紧渡过难关。"

后来金星大红大紫，常对媒体说，什么是真朋友，就是那些在你遇到困难时帮你一把，而在你风光的时候，不会过来贴着你，只会远远地看着你的人。金星的这个故事让我看到了另外一个道理，人脉最重要的还是朋友相信你这个人，获得过硬的人脉就是你自己硬。

人是群居的动物，需要人际交往，需要在交往中获得认可。世上有很多教育人如何去构建所谓人脉的书籍，仿佛只要你学会一点技术就可以获得有用的人脉。

我的一位叫杨洋的朋友的故事或许可以给你一些新的思考。杨洋家庭普通，长相普通，从一所三流的大学毕业之后，凭借努力和机遇只身来到北京，进到了广告圈知名的 A 公司的媒体组。他很珍惜这次工作机会，在单位里只要有人找他，他一定尽全力帮忙，不管多小的事都努力办好。

下班后几个同事说要一起吃饭，他赶紧说："我帮你们叫出租车吧。"同事们加班，他就自己掏钱给大家买外卖和零食。即使这样，杨洋还是一个存在感很低的人，同事们一致认为他太无趣，私底下排除了他建了一个新的联系群。

工作上杨洋有事请教同事们，大家都很不耐烦，觉得杨洋这样业余的人真是拉低了团队的水平。时间一久，杨洋显得格格不入。

有次过圣诞节，同事聚餐没有叫上他，一位同事客气了一句："要不要一起过去吃饭？"独自在办公室加班的杨洋高兴地赶了过去，可是等他赶到吃饭的地方，同事们已经换了地方喝酒去了。原来有几个同事特别不喜欢杨洋，觉得他又土又无趣，喝酒就不叫他了。

杨洋独自坐在回家的公交车上，又冷又饿。他后来对我说，那时候真是孤单极了，独自在北京感觉特别心酸。

生活不是电视剧，不会在那个时候出现救世主，也没有女同事来温暖地安慰他，然后发生一段浪漫的爱情。这个世界上没有救世主，能改变的只有自己。杨洋决定不再迎合别人，他把时间和精力都放在了工作上，常常一个人在工位上忙到深夜。

他还是一样没有朋友，没有聚会，不过他的大部分时间用来看书和工作，倒也没有比原来过得更差。工作上虽也没有太大的突破，倒也干得踏踏实实。有同事在背后笑话他："你看他那么玩命想升职啊，真有野心。"不过马上有同事替他说话："人家只是把工作做好，你有那工夫说别人还不如干好自己的事。"

一天，杨洋简单地和同一个办公室的人告别，说他申请了公司的外派，要去一个三线城市的分公司工作。一般人都不愿意去三线城市，因为工资相对要低，而且也是新市场，说变就变了。杨洋考虑的是新公司可能更容易做出成绩，工资低说明消费也低一些。

就这样去了分公司，因为一切都是刚开始，总共也没有几个人，积极主动的他很快成了骨干，人际关系也简单，杨洋和大家都相处得不错。一年以后，杨洋因为业绩突出当上了主管，三年之后成了分公司的负责人。

总部开年会的时候，杨洋再次和原来的同事们聚在一起，大家都对他非常客气，杨洋也客气地应付。

如今已经拥有了自己的公司的杨洋和我坐在一起喝着咖啡，告诉我，当年自己明白了，所谓人脉的确很重要，但如若急于去获得别人的认可，或者抱着某种目的去构建人脉，无疑是缘木求鱼。那样得来的人脉不过是为了满足不实在的虚荣心，或者只是互相利用。

别人的欣赏和尊重必定不是随便给的，你也不可能让所有的人都喜欢你。我们都害怕孤单，以为有一群朋友，大家都喜欢自己，才能过得好。其实渐渐才明白，孤独是人生的常态，而内心软弱的人才需要通过寻找朋友得到安全感和存在感。

我很认同，只要内心丰富总会遇到志同道合的朋友。就像金星所说的朋友的定义，当你感觉孤独或者寂寞的时候，不如好好和自己相处，找到让内心坚定而温暖的力量，先温暖自己，不需要改变什么去迎合别人。

杨洋说他现在所谓的朋友很多，风水轮流转，他身居要位，以前轻视他的人如今变得无比热情。各种以前的同事啊、同学啊，知道他现在很"厉害"，都围绕着在他身边巴结他，他从来没有把这些人的话当真。

我问杨洋现在是不是怪他们，或者有没有咸鱼翻身的快感。杨洋笑着回答我，刚开始的可能还真有点，看着那些人态度大转变，心里有种说不出来的鄙视，然后有种报复的快感。后来他也明白了，说到底还是当年自己底子不硬，现在可能是平等了，人家看到了交往你的价值，也不存在什么巴结和讨好。你愿不愿去交往是你的事。每个人都很忙，所谓的交往是需要花费巨大的精力和时间的，你自己不强大的时候，别人根本看不到你。

我和杨洋一样，都是简单的人，没有为了所谓的人脉去迎合别人，或者做一些自己本来不愿意做的事。我们都清楚自己身上也有很多性格的缺点，在做事的时候也会有很多问题，而这些年下来，也有了几个真正可以谈心的朋友，彼此在需要的时候就会出现，而这样的朋友必定不是靠讨好和交际技巧而得来的。

先和自己相处好，你最好的朋友，必然是你自己。开放心态，努力丰富自己，志同道合的朋友总会与你相逢的。

每次失败都是离成功又近了一步

我认真地思考过失败和苦难的意义。因为我曾经也很害怕失败：考试失败、面试失败、创业失败、恋爱失败，甚至婚姻失败。似乎这些失败都没有什么意义，我们尽一切可能去回避它们。

很不巧，我有个朋友这些都经历了，他创业六次失败了五次，其中不算失败的一次是把公司的股份卖给了当初合伙的朋友。当年创业失败，也经历了婚姻的失败。我问过他最难熬的时候是怎么过来的。他笑着说："没什么啊，总不能去死啊，人生虽然很苦，失败也很苦，但是还有很多有趣的事物，值得去活。"

他现在在一家上市公司做着开创性的事务，算是企业的高管。我说不上来他算失败还是成功。

然后我问他："失败和苦难对你来说到底有什么意义呢？"

他云淡风轻地和我说了这么一段话："失败的意义是此路不通。苦难的意义是曾经磨砺。人一辈子就是要面对各种选择，不再重复错误，面对困境时，不再惊慌失措。多一分坚忍，多一分自信，曾经的失败和苦难就有了意义。最终才会获得成功。"

要讨论失败的意义，就绕不开一个人，那就是史玉柱。

史玉柱认为成功的经验不能全信，失败的经验更有借鉴意义。"中国有句古话：'失败是成功之母。'因为失败了之后，总结的教训是真实的、有意义的，能够让人提高的。成功的时候做报告，其实就是忽悠人。成功时的总结，会过高估计自己，所以成功人的经验报告少听。"

史玉柱是我少有的佩服的人。他曾经有过"巨人"的辉煌，却又跌过大跟头，且又一次崛起，用了三年时间还清了二点五亿元债务，这段经历使他成为中国商界的一个传奇。

巨人集团的案例可以说是中国商业史上的一个典型。巨人集团的史玉柱原本靠着自己的头脑，快速起家，并且开始了多元化的扩张之路。有服装、保健品、药品、软件等30多类产品，还在珠海修建了象征意义的"巨人大厦"，巅峰时期的史玉柱风光无限，完全是一个商业王国里的巨人。

爬得越高摔得越狠。因为盲目扩张，加上巨人大厦的疯狂"抽血"，巨人的资金链出现了问题。史玉柱之前作风高调，又没有维护好和媒体的关系，很快关于巨人集团资金链的负面报道一篇接着一篇。1997年，关于巨人集团资金链断裂的负面报道高达1000篇。

媒体的倒戈使得原本就资金紧张的巨人集团，没有了起死回生的可能，那些购买了楼花的投资者纷纷上门，要求兑现楼花或者退款。史玉柱当时欠债高达二点五亿元，因此被媒体贴上了"中国首负"的标签，巨人集团也名存实亡，巨人大厦也戏剧性地成了烂尾楼。

史玉柱曾经站在最高的浪尖上，如今却被大浪打翻了，他也尝到了别人体会不到的凄苦和孤独。史玉柱后来对媒体朋友回忆说："那时候就是穷，债主逼债，官司缠身，账号全被查封了。以前每个隔断要挤两个人的办公室，最后就剩下三十几个人。穷到什么地步？刚给高管配的手机全都收回来变卖，整个公司里只有我一个人有手机用，大家很长时间都没有领过一分钱工资。"

"倾家荡产"的史玉柱的逆袭历史更有意思。巨人集团垮了之后，他离开了珠海，需要用时间来好好沉淀和反思。他几乎跑遍了全国各地，最后一站是青藏高原，还去爬了珠穆朗玛峰，据说因为没有钱请向导，差点葬身在雪山之上。史玉柱曾经在南京有过一段隐居生活，在这段时间里，史玉柱做的最多的事情就是读书，通过比对别人的经历，反思自己的问题和不足。

曾有一年多的时间，他每天早上10点起床，带一本书，带一个面包，开着车就往人少的地方走。那一年，史玉柱几乎一直在读有关太平天国的书。"为什么我喜欢看太平天国的书？因为很悲壮，我觉得好像能在其中找到某一种共同语言。"史玉柱说，"那时候我应该是一个彻底的失败者，而一个失败者要想从危机中走出来，就必须明白自己在哪里犯了错。"

他让人把当年报纸上的负面报道收集起来，自己一篇篇地读，看看别人对他的失败的"诊断"。文章骂得越狠，他读的次数越多，甚至专门组织内部批斗会，让身边的人一起向他"开火"。面对那段危机岁月，史玉柱表现得极为真诚，坦然地承认并接受失败："失败就是失败，没什么好解释的。"

失败走向成功并不那么简单，需要有超乎常人的信念。"即便穷到身上只有几十块钱的时候，我依然对日后的成功很有信心。"在史玉柱看来，一个人无论面对多大的失败，"只要精神还在，顽强的精神还在，完全可以再爬起来"。于是，史玉柱并没有向有关部门申请巨人集团破产，史玉柱说："这一笔高达二点五亿的债务正是激励我二次创业的最大精神动力。"

曾经有人这样对史玉柱说，其实这些钱他是可以不还的。事实上，如果申请破产，巨人集团的债务和资产相抵后，史玉柱完全可以脱清干系。这位牛人却走了一条常人不走的路。

启动脑白金时，他向朋友借了五十万元。再次创业的史玉柱在之前的失败中吸取经验，不再注重虚名，而是亲身走到消费者中间去了解消费者对产品的需求，并从小事做起，在每个省都从最小的城市开始启动市场。县城攻下来后，再全力进攻一个市，然后是几个市、一个省……正是凭借着反思、务实、信心，史玉柱在全国县域市场点起的星星之火终成燎原之势，"脑白金"为史玉柱带来了十多亿元的利润，让他重新回到了一线商人的俱乐部，史玉柱又开始了高调的创业。

我认识的所谓的成功人士，他们每一个都是经历丰富的，有人一手创办企业之后又被人骗个精光，有人创业成功却因为管理不善使企业倒闭。当你羡慕他们成功的时候，你哪知道他们经历过什么呢？

这些人有一个共同点，就是勇于尝试，他们有着冒险精神，并且懂得在失败中吸取经验。他们在承受失败的结果时又收获了经验，最后站在了成功的一边。

如果一个失败者不能承认并接受失败的事实，就绝无重新站起来的可能。承认现实状况是第一步，然后开始务实地找出路，记得，失败一次就是提醒你这条路不对，当你换了条路又开始的时候，这不就是离成功又近了一步吗？

充分活着，不留一丝遗憾

　　人生很好玩，尽量学习，尽量享受美食，尽量去见识美好的东西，人生就比较美好一点，就这么简单。

　　一个人觉得人生不好玩，就会看什么都没有意思，越来越不愿意去接触新东西，见识到的生活的美好自然也少。当你觉得人生很好玩，不断去尝试，不断去体验，就能感悟到很多生活的美好，你就会越来越幸福。

　　所以，人不管遇到什么样的苦难，都不要沉浸在灰暗的心情之中，要在不断接触新事物的过程中不断获得新体验，心态要开放，要乐观。要去享受人生，活着才不会有遗憾。

　　如果要找一个我觉得活得特别潇洒的人，那需要满足两个条件，一是他的确活了够长时间，第二是他在那儿一站就是故事，一说话就是哲理。这个人就是蔡澜。

　　蔡澜于1941年出生在新加坡，如今已经快80岁了，他有很多身份，电影监制、美食家、专栏作家、电影节目主持人、商人。他与金庸、黄霑、倪匡并称为"香港四大才子",他还有"食神"的美称。如今,他依旧活跃在人们的视野当中,做着自己喜欢做的事。

蔡澜少年成名,从 14 岁在杂志发表电影评论《疯人院》开始,就一发不可收。一拿到稿费他就带着一帮同学、朋友去吃喝玩乐。这种性格的他身边聚着香港那个时代最辉煌的风流人物。倪匡说蔡澜是"少有的背后没有人说坏话的人",黄霑说蔡澜是"我最值得信赖的朋友",金庸说蔡澜是"一个真正潇洒的人"。

蔡澜出道早,差不多 19 岁就已经开始做电影相关的工作了,监制、编剧、导演都干过。如果你够留心,香港早期很多影视剧里都能看到蔡澜的名字。很多人都问蔡澜,电影人、美食家、商人,你究竟是做什么的?蔡澜说:"我只想做一个人,这并不容易。做人就是努力别看他人的脸色,做人也不必要给别人脸色看,人与人之间要有一份互相的尊敬。所以我不管对方是什么职业,是老是少,我都尊重。"

蔡澜好吃,就成了美食家。他到一家餐厅去,觉得很好吃就写文章推荐给大家,并且加一点以前的见闻。他很少批评人,因为做生意的确不容易,他更不会随便骂人。在香港,很多店家把蔡澜写的文章放大了以后贴在餐厅外面,在店家看来,蔡澜的评价是最好的口碑和认可。

看起来毫不费力,背后却是十分努力。

蔡澜的潇洒背后并不是人们所看到的表面那样轻松。读书时为了能看懂外文电影,他上午读中文学校,下午读英文学校;他始终保持惊人的阅读量,他说过"如果一个写作人不喜欢看书,他就没资格做写作人"。时至今日,他仍两袖清风,每天仍在为生活而努力:"我是很努力很努力做人才有今时今日。"

蔡澜在演讲中告诫年轻人，做什么事情都要很用心去做，样样东西都要学。他说自己看到有一本书是教怎么做酱油的，他就买回来看。他自己还练书法、刻图章。

有人问蔡澜年轻人应该怎么活。他认为年轻人要做什么都可以，只要有心的话，总有一天会做到，这就是年轻的好处。在玩乐中体验人生，在平常的烟火气中感受生活的美好。

他是这么说的，也是这么做的。

不要以为时间很长，就是这么一刹那就没了。

他爱旅游，在旅行中去看人家怎么活，去获得人生的思考。

有一次他在印度山上住，当地的厨师老太太整天煮鸡给他吃。他有点吃腻了，说："我不要吃鸡了，我要吃鱼呀！"老太太说："什么是鱼？"因为她一直生活在山上，都没见过鱼。蔡澜就拿了纸画了一条鱼给她，说："你没有吃过鱼真可惜呀。"老太太望着蔡澜说："先生，没有吃过的东西有什么可惜呢？"

他在墨西哥也住了一年。刚去到墨西哥的时候，他看有人在卖爆竹烟花，想去买来放。他的朋友说："蔡先生，不行，不行啊，死人才放的呀！"因为当地人的生活很辛苦，人很短命，死亡经常发生，人们就想，为什么不把死亡这件事情变成一种欢乐的事情呢？为什么一定要活着才庆祝？人死了就庆祝呗。

看多了，自己想多了，自然就更明白要怎么活。

蔡澜有一次晚上坐飞机，深夜飞行的飞机多数会遇到气流，飞机就一直颠得很厉害，他却一直在喝酒。旁边坐了一个澳洲胖子，一直怕得抓着他。飞机稳定下来以后，澳洲人非常惊讶地看着蔡澜，说：

"喂，老兄，你死过吗？"

蔡澜说："我活过。"

这大概就是活明白的人，丰富多彩过，也努力追求过，一直心有欢喜，一直乐观。即使现在已经快 80 岁了，心态也一样年轻，笑着对年轻人说人生真好玩。

想想你自己才几岁，一切都还早。心里有抱负，就努力去做，终有一天会实现，即使没有完成，也试过了，不会有遗憾，这样才叫活得充分。当你下次也遇到飞机颠簸，也可以从容应对，笑着对自己说："我活过。"

接纳自我是改变的开始

我爱写文章，会被读者问到各种各样奇怪的问题。比如：我觉得自己很失败，一个月才赚五千块钱；我觉得我很胆小，什么都不敢去尝试，和人说话容易紧张，给陌生人打电话会讲话不流畅；我觉得我很丑，没有人喜欢我，连我自己都不喜欢自己。

刚开始，我总是苦口婆心地劝慰，"你很好，已经很棒了""你其实长得一点也不丑""你挺勇敢的，并不算胆小"，结果发现并没有用，一个人固有的想法没那么容易改变。既然安慰没有用，我只能放弃治疗了，有时候放弃治疗也是一种治疗。

我很喜欢周星驰的电影，他的大部分电影都有一个共通之处。不妨一起回忆一下，《赌圣》《逃学威龙》《审死官》《唐伯虎点秋香》《大话西游》等，主人公大部分初登场都有着一股"废柴"的气质，不成器，浑身上下都是毛病，尤其明显的就是《喜剧之王》这部带有自传色彩的电影，主人公就是失败中的失败。

这样的设定也很讨喜，一旦拉低了对人物的期望值，电影里后来人物的逆袭就会很有戏剧效果。人们为什么会喜欢这样的设定呢？因为人一旦放低身段，更容易让人发现他身上的闪光点。

这个"废柴"的设定还可以比喻成一种自我接纳，比如"我就是很差劲，就是很失败，就是很丑"。当一个人已经躺在地上，任何人就不再能伤害到他，这就像占据了一种心理优势，因为已经不能再差了，只有一个方向，那就是好的方向，你不会更差了，只会越来越好。

有朋友告诉我，他有一个"废柴理论"，其实与我上面说的是一个意思。当有朋友向她寻求帮忙，比如问："我很丑，没有人喜欢我怎么办？我不敢拒绝我不熟悉的朋友一些无理的要求怎么办？我在我喜欢的人面前表现得像一个傻瓜怎么办？"

他常常这么回答："你就承认你是个'废柴'好了，既然就是一个废柴，所有的不堪和无奈就变成了合情合理。当你把眼光不再放在问题上，心里就安全了一点，开始关注怎么去解决问题。"

丑没有办法，反正就这么丑了。看看能不能多读点书，多出去见识一下别人是怎么活的，让自己懂得更多一点，或者可以去健身，让自己拥有一副好身材。

胆小怕事的你就是一个"废柴"，怕就怕吧，不会出大错，总能找一点自己不那么怕的事吧。

其实你发现，"废柴理论"实行起来一点也不容易，在接受自我之后需要有自我要求。很多时候，我们不是对自己没有要求，痛苦来自要求太多。

人的痛苦大部分来自比较，而且本能地都会去选择身边更好的参照。对自己不满意是选择对比了一个"想象中完美的自己"，对生活越不满，就越喜欢比较，越比较就越失望和难过，陷入恶性循环。

客观地说，觉得自己丑的可能反而是别人眼中的美女；觉得自己笨的人甚至可能是重点大学毕业；觉得自己胆小只是因为一个人来到一个陌生的大城市，一切都不熟悉。

觉得自己有问题的人，只是陷入了思考"损失"的怪圈，总是自己认为本应该更好——"我本来应该更美、更聪明、更勇敢、更有钱。"

到这里，我们就会发现，其实"废柴理论"真的很难办到，要承认自己是个废物非常难。你一旦开始接纳自己的不足，反而会发现自己身上有很多优点，并且开始想办法积极解决问题。你开始变得关注你所拥有的，并且积极去争取你能得到的。

这样不是也挺好吗？

你比自己以为的更优秀

"永远不要急于否定自己，你比自己以为的更优秀。"这句话是我刚工作的时候一个大姐对我说的，一直鼓励了我很长时间。能在还是新人的时候被人赏识是最幸运的事情，这些年我带过很多新人，在工作中得到的认可是他们最大的动力。

奥美广告的创始人大卫·奥格威，考上了牛津大学却没有毕业，据他自己后来所说是"被扫地出门"。他称这段经历"是我一生中一次真正的失败。……我本可以成为牛津的一颗明星，但是因为屡次考试不及格而被轰出了校门"。

之后，奥格威转道巴黎，在皇家酒店厨房工作。

这段经历很有意思，奥格威的上司——厨师长，雷厉风行的做派给他留下了深刻印象。他对下属极其严格，一丁点错误都会被骂得狗血淋头，他几乎很少表扬手下的人。而且他在下属面前从来不忌讳自己有钱，穿着讲究，一副趾高气扬的样子。这是要告诉下属们，只有努力工作才会过上像他一样讲究的生活。下属们对厨师长唯命是从，如果厨师长投来一个认同的眼神甚至只是对你点点头，就是最大的肯定，就能让下属高兴、得意上几天。因为得到了他的认可，意味着自己的厨艺已经很优秀了。

他如此回忆厨师长的高昂士气："我亲眼看到厨师长开除他手下的厨师，只是因为那个可怜的家伙没有把蛋糕烘好，完全不留情面。我当时非常震惊，然而其他厨师把这种严苛引以为傲，认为自己在为世界上最好的厨房工作。如果在美国海军服役的话，他们简直可以为军争光。"

奥格威深受启发，严格的厨师长反而激发了下属的荣誉感，在工作中找到自己的价值感和自豪感。后来他在经营公司的时候，就把这种管理的理念放到了工作之中，至今在奥美公司工作还是一件让很多广告人羡慕的事情。

大部分人在还是新人的时候，最需要肯定和鼓励。奥格威遇到的厨师长并不只是简单地说"你很优秀""你工作干得很好"，而是以一种苛刻的要求激发出你最大的潜能。每个人都有很大的可塑性，有时候需要外部来激发，更为重要的是内心深处不要轻易否定自己。

回忆我们成长的过程，总会有那么几个"贵人"，我喜欢写文章要归结到小时候的第一个语文老师。那时候哪里知道什么好坏，但是老师一直夸我写得好，说我特别擅长比喻，把一个道理或者一个故事写得很生动。每次我写的作文，他都在全班同学面前朗读一遍。

那种自豪感和成就感让我充满了动力，每次在写作文的时候都要费尽心思去琢磨怎么写得更生动，每一次都要有一些新的东西，为的就是不让语文老师失望。别人最怕写满 800 字的格子，我一点不怕，一会儿就写完了。

这个爱写的习惯一直陪伴我到现在，后来我在网上写文章，还好也有人愿意看，就一直坚持下来。有时候是有感而发，有时候是整理自己的思路，有时候甚至是看书的思考，后来有人就劝我，你写书吧，一定有人看。我觉得挺好，说写就写。

说了这么多，是因为我发现很多人都把眼光放在了别人的长处上，而不是自己的长处上。

小张原来是我的下属，有一次聚会喝酒，有点醉了，拉着我说："在这儿工作压力真大。同事甲是名牌大学毕业，聪明又勤奋；同事乙性格好、口才好，和领导、同事马上就能打成一片。我什么都没有，要是公司裁员，第一个要走的人应该就是我。"

我有点惊讶，在我的印象里，小张聪明勤奋，虽不是名牌大学，但学习能力很强。他沉默寡言，但是个热心肠的人，没少帮同事的忙。我没有急着说出我的看法，继续听他说。

其实他很喜欢这个团队，但大家都很优秀，就总觉得自己拖了大家后腿。他也很努力，特别不希望别人因为他的工作能力差而瞧不上他。他知道自己底子差，平时也不敢和我多说话，只一心想怎么把工作做好。

听他说完，我笑着对他说："不要轻易否定自己，你比自己以为的更优秀。你就照着你现在的路子走下去，会越来越好的。"他若有所思。

其实小张说的三个人当中，我最看好他，他性格温和，做事踏实，更难得的是学习能力强，总有一股学习的劲头。但我没有把我的看法告诉他，说多了反而会让他以为我是安慰他，自信的力量是要自己获得的，要靠他自己去感悟。

后来一起工作的几年中，我有意在大家面前多表扬他，把一些新的工作交给他的小组。我能看出来，他越来越自信，不管是工作中还是和人打交道中。半年后他成了小组负责人，接着成了部门负责人，再后来跳槽到了某同行公司当了副总经理。

小张离职的时候，和大家吃散伙饭，他一直拉着我喝酒。他说在这个公司最舍不得我，他知道我最照顾他，后来才慢慢在工作中一点一点自信起来，我对他的鼓励，他会一直铭记在心。我说并没有，只是有的工作给他的确更合适。

人在情绪不好或者遇到困难的时候，免不了自我怀疑，如果这种情绪得不到缓解，人的心里就会变得越来越灰暗。我喜欢在面试的时候问一个问题：你认为你比别人聪明或者比同龄人优秀吗？

看起来这是一个陷阱，却可以从答案中很明显地看出一个人对自己的评价。这个问题没有最佳答案，自视过高的人会缺乏团队协作精神，而看低自己的人缺乏进取和创新精神。每个人都有优点和缺点，重要的是如果只盯着自己的缺点看，你还能更优秀吗？

"你比自己以为的更优秀"不是一句安慰的话，而是在认识自我之后，不断突破向前的人生的正能量。找到自己身上的优点，然后去加强它，再回头看时，你会发现自己真的比自己以为的更优秀。

每天比别人多努力一点点

　　喜欢网球的朋友不会对阿加西感到陌生，他以强大的个人魅力成为很多球迷心中英雄一样的人物。安德烈·阿加西是美国职业网球运动员，1986 年，年仅 16 岁的阿加西开始了他的职业生涯。

　　他职业生涯的第一个突破出现在 1992 年的温布尔登锦标赛，他夺取了个人职业生涯的第一个大满贯，他开启了网球反手打法的时代。1995 年首次登上球王宝座；1999 年首度成为 ATP 世界巡回赛年终世界排名第一。1996 年，阿加西代表美国队出战亚特兰大夏季奥运会，并获得男子单打冠军。2005 年，阿加西凭借自己出色的发挥打进美网的决赛，35 岁高龄的他显现出持久的耐心与对网球的执着。他曾与妻子格拉芙双双取得金满贯的荣耀。而在他的整个职业生涯中，阿加西总共获得 60 项冠军头衔，其中包括 8 个大满贯。

　　他是一位网球天才，然而其职业生涯不是一帆风顺的。他曾拒绝参加温网，曾在 1997 年吸食冰毒。从一个问题少年到网球的一代宗师，这是他的轨迹——属于阿加西的梦幻人生。一代宗师不是一日而就，背后的艰辛体现在了一次媒体采访中。这次采访是在他人生的最后一次网球赛事结束之后，我把原文整理过来。

记者：在经历了所有这一切之后，你的内心平静吗？

阿加西：过去的几个月里，我用很多时间去告诉自己，这项赛事就是我的最后一站了，我有充足的时间去从各个角度看待这个问题。当我看着那些年轻而富有天才的球员时，我意识到生命是一个永不停止的循环。至于内心的平静，我每天都努力去获得它；我不知道我明天的感受会如何，但至少现在我已非常平静。

记者：网球到底教会了你什么？

阿加西：你一个人在球场上，你必须独自面对和解决所有的问题，你必须控制好情绪但又必须投入情感，所有这一切多么像是生活本身。你必须坚信自己，同时又逼迫自己不断前进。

记者：最后一项赛事了，你完全可以不必这么拼，你甚至完全可以不参赛。

阿加西：我只是觉得，这次美网赛是我职业生涯一系列窗口中的最后一扇窗，这最后一个窗子的颜色，会影响到别人如何看待所有的窗子。我不想让自己在缺乏欲望和准备的情况下参赛，那对所有其他的窗子是一种玷污。

记者：你不仅赢得了球迷的心，也赢得了其他球员的尊敬。

阿加西：是啊，当我赛后回到球员休息室，他们都起立为我鼓掌。你能够赢得的最好的掌声，是来自你的同行的。我们不是在公司里共同完成一项工作的同事，从某种意义上来说，成功是建立在打败对手的基础上的。所以，能够得到他们的掌声是对我最高的赞扬。

记者：如果一位 16 岁的青少年选手在这届美网赛上向你讨教经验，你会向他说些什么？

阿加西：把每一天看作变得更好的机会，在球场外也是如此。

这段对话非常值得玩味。为什么每一天都要努力？身边的人都很优秀，即使你被所有人称为天才，但天才也是层出不穷的，生命是一个永不停止的循环。所以你必须一直努力，这样你才会安心，不要去想明天要面对什么，只要你今天足够努力了就能安心。

每一次结束，都是新的开始。每一次你都要付出全力去赢得尊重，当你开启新的旅程，就会更加自信。即使你回头看，也不会有什么遗憾。

每一天都是新的，对你来说都是一个新的机会，不管你做什么，请再好好想想。这段采访，我每读一遍都会有所感悟。

这就是需要努力的理由，不管你做什么工作，在什么行业，你天资如何，你现在的条件如何，在这一天，你付出了足够的努力就能心安理得地迎接接下来的一天。只要保持这种努力的状态，就已经非常了不起。

这篇文章还是以阿加西在进入网球名人堂时的演讲结尾吧：

"我一直认为我们对社会大众有给予回报的义务。我们应该创造多于消耗；还要创建一些比我们更持久的事物；找到自己的极限后迫使自己突破自我。因为当生活对我们提出考验，让我们在低谷中甚至难以认清自己时，我们必须清楚自己还有从头再来的本钱。因为我们总有时间能再攀高峰。从来都没有太迟被激励、太迟去改变这回事。因为生活中没有任何东西我们可以说'已经太迟'了。"

学会"断舍离"，度过独特的一生

"断舍离"的方法来自日本，本意是整理自己的家居生活。我接触"断离舍"可以追溯到《佐藤可士和的超整理术》一书，作者佐藤可士和被誉为带动销售的设计魔术师，麒麟啤酒"极生"的包装上、日本国立新美术馆的设计等等，皆以崭新的创意抓住众人的目光。而他独创的设计思路，来自"整理"二字。他将"超级整理术"分为三大阶段，从有形到无形分别是：空间整理、信息整理以及思考整理。

"断舍离"是日本杂物管理咨询师山下英子提出的人生整理观念。所谓"断舍离"，就是通过整理物品了解自己，整理心中的混沌，让人生变得舒适的行动技术。换句话说，就是利用收拾家里的杂物来整理内心的废物，让人生变得开心的方法。

断＝对于那些自己不需要的东西不买、不收；

舍＝处理掉堆放在家里的没用的东西；

离＝远离物质的诱惑，放弃对物品的执着，让自己处于宽敞舒适、自由自在的空间。

"断舍离"的核心在于重新审视自己和物品的关系，通过整理物品开始思考什么东西是真正适合自己的，而把那些不适合、不舒服、不需要的东西抛弃掉，让自己的生活和心态都变得越来越好。

"断舍离"非常简单，而且很容易上手，但是要坚持并不简单，我们很多人总是在不经意间被自己的欲望带着走。我给大家讲一个例子。

一天，小明觉得上班有点远，走路又累又慢，就想去买辆自行车。结果去自行车店一看，一辆好一点的自行车要两千五百元。旁边的人说，两千五百元都掏了，不如加点钱买辆电动车。小明一想本来就是为了省力气，还可以更快，还是电动车更适合自己。于是他来到隔壁的电动车店，一看一辆电动车也就三千五百元，不贵，决定买。

旁边有人说，电动车充电太麻烦了，还是加点钱买辆摩托车好了。摩托车又快，加油又省事，而且只差一点钱。来到摩托车店里，店员告诉小明，小摩托车不如大摩托车安全，大摩托车又酷又马力十足。小明想想，六千元也能接受。

小明挑来挑去，最喜欢的那辆摩托车要一万元。小明回去问他认为见过世面的朋友，朋友说你一万元买辆摩托车，不如加点钱直接买辆二手车，也就是三万元。小明一想自己有车了，想去哪儿玩就去哪儿玩，还可以开着车接送女朋友上下班，一想还真是有车更好。

可是看了三万元的二手捷达之后，又觉得十万元就可以贷款买大众车了，车子又新又漂亮，小明喜欢得很。他和家里的父母一说，父母不支持，说 POLO 太小了，以后肯定就不喜欢了。不如一步到位，买个二十万元的帕萨特，这个车更高级，空间也更大。小明一听家里还支持，心想太好了，就它了。

可是，女朋友看到大众车隔壁的奥迪车一下子就喜欢上了。奥迪可是从小印象里人人都羡慕的好车，多有面子，二十万元都花了，一算奥迪 A4 也就三十万元，三十万元就能买到梦寐以求的车，值。

上去一坐真舒服，销售说开起来更舒服，要不要试驾一下。小明这才想起来："哎呀，驾照还要一个月才下来！"

这个故事是不是很熟悉？仔细想想，其实我们都犯过这样的错误。当你开始思考真正适合自己的东西是什么，想要的东西是不是有必要时，就是"断离舍"。国外有一个组织，大概就是挑战身边只有 50 件必需品的生活。不能超过这个数，这种极致的方法虽然不必学习，但是可以给我们一个重新审视生活的机会。

"断离舍"的过程也是不断思考"什么对你来说是最重要"的一个思维模式训练，让你找出最本质、最纯粹的那个自我。

正如佐藤可士和所说的三个层次，当你通过对生活的整理，感受到"断离舍"的魅力，推而广之就可以在工作中开始类似的整理，整理你的工作资料，整理你手上的客户。你最核心的工作是什么？在这上面花费最多的时间是多少？这里面我觉得有一个更为重要的原理，那就是二八原则。如果你 20% 的工作能带动 80% 的业绩，当你把时间和资源都用在这 20% 上之后，工作必然会出现全新的面目，这就是工作中的整理术。

最后也是最重要的，当你开始对自己人生"断离舍"，你会走进更高的生活境界。什么是对你最重要的？是家庭、爱人，还是事业？当然，这类整理更复杂也更困难。你以什么样的标准去花费你的时间？你如何对待各种朋友和人生中的各种重大选择？人生"断离舍"就是主动选择的过程，这一系列选择决定了你的一生。

每个人在这个社会上都是独一无二的。断离舍的过程就是不断寻找独特自我的过程，家居物品也好，工作也好，恋爱也好，人生也罢，如果你不扔掉不适合、不喜欢的东西，新的东西就没有办法进来，人就只能在原地踏步或者缓慢前进。另一方面，在你"断舍离"的时候，最重要的东西会越来越清晰地浮现出来，你也会变得更珍惜现在拥有的一切。

丢掉不舍和执着之后，才会有种前所未有的轻松，如沐春风。而且在"断舍离"的过程中，自己的选择能力也能得到锻炼。

"断离舍"是一场漫长的锻炼，也是一场一生受益的思维革命，如同一把刻刀，在不断地雕塑出独特而自信的你。在"断离舍"的过程中，你的个人风格会越来越突出，生活会过得越来越自信，再回头看，你已与众不同。

图书在版编目（CIP）数据

年轻不怕一无所有，你知道自己终将闪耀 / 汤木著 .—北京：
北京联合出版公司，2016.6

ISBN 978-7-5502-7857-8

Ⅰ.①年… Ⅱ.①汤… Ⅲ.①人生哲学－通俗读物
Ⅳ.① B821-49

中国版本图书馆 CIP 数据核字（2016）第 128141 号

年轻不怕一无所有，你知道自己终将闪耀

作　　者：汤　木
责任编辑：崔保华
产品经理：周乔蒙
特约编辑：程彦卿

- -

北京联合出版公司出版
（北京市西城区德外大街 83 号楼 9 层　　　100088）
北京文昌阁彩色印刷有限责任公司印刷　　新华书店经销
字数：159 千字　　880mm×1230mm　1/32　印张：7.5
2016 年 8 月第 1 版　　2016 年 8 月第 1 次印刷
ISBN 978-7-5502-7857-8
定价：36.80 元

- -